아이가 10살이 되면 부모는 토론을 준비하라

# 아이가 10살이 되면
# 부모는 토론을 준비하라

1판 1쇄 발행 2019. 1. 16.
1판 2쇄 발행 2019. 6. 26.

지은이 이현수

발행인 고세규
편집 이혜민 | 디자인 홍세연
발행처 김영사

등록 1979년 5월 17일 (제406-2003-036호)
주소 경기도 파주시 문발로 197(문발동) 우편번호 10881
전화 마케팅부 031)955-3100, 편집부 031)955-3200, 팩스 031)955-3111

값은 뒤표지에 있습니다.
ISBN 978-89-349-8479-5 13590

홈페이지 www.gimmyoung.com   블로그 blog.naver.com/gybook
페이스북 facebook.com/gybooks   이메일 bestbook@gimmyoung.com

좋은 독자가 좋은 책을 만듭니다.
김영사는 독자 여러분의 의견에 항상 귀 기울이고 있습니다.

이 도서의 국립중앙도서관 출판예정도서목록(CIP)은 서지정보유통지원시스템 홈페이지
(http://seoji.nl.go.kr)와 국가자료공동목록시스템(http://www.nl.go.kr/kolisnet)에서
이용하실 수 있습니다.(CIP제어번호 : CIP2018042946)

아이가 10살이 되면

# 부모는 토론을 준비하라

이현수 지음

김영사

# 1부_ 청소년 문제, 토론에 해법이 있다

**1장** ## 왜 토론인가

**2장** ## 무엇을 어떻게 토론할 것인가

# 2부_ 양육의 빅 픽처

# 아이가 열 살이 되면
# 새로운 양육 전략이 필요하다

내 딸이 중학교 1학년 크리스마스에 이런 질문을 한 적이 있다. 바비 인형을 선물로 받고 활짝 웃는 아이들의 모습을 텔레비전에서 보다가 대뜸 "엄마, 엄마는 왜 나한테 저런 선물을 안 해줬어?"라는 것이었다. 순간 나는 말문이 막혔다. 얘가 어렸을 때 사주었던 바비 인형들을 정말 기억 못 하는 건가? "엄마가 안 사줬다고? 이사 오면서 다 버렸잖아. 너한테 버려도 되냐고 물어도보았고. 머리가 엉켜 있던 것 한 개, 때가 꼬질꼬질 묻었던 것 두개, 그것 말고도 한두 개가 더 있었던 것 같은데? 4학년 이후로한 번도 갖고 놀지 않아서 버렸잖아." 딸은 허공을 노려보며 기억을 끄집어내려고 애를 쓰는 것 같더니, 기억해내기는커녕 아예자신의 인생 전체를 망각하는 말을 했다. "엄마가 그렇게 말하니까 그런 것 같기는 한데, 왜 난 기억이 안 나지? 난 저렇게 행복했던 시절이 없었던 것 같아." 딸은 가족들의 사랑을 독차지했던 13년의 삶을 '난 행복하지 않았다'는 한마디로 박살을 냈다.

나중에 생각해보니 딸도 중이병이 시작되고 있었다. 전쟁과도 같은 사춘기라는 거센 강에서 정신없이 떠내려가던 딸은 급기야 과거의 행복까지 부정했다. 딸은 그때 하루하루를 아슬아슬하게 연명하고 있었던 것 같다. '과거에 한 번도 행복하지 않았으며' 현재도 행복하지 않고 앞으로도 행복하게 살 수 없을 것 같다고 매일 푸념하는 수많은 동지들 속에서 밀고 밀리며, 혼절하지 않으려고 버둥댔던 것 같다. 내 딸은 기억 왜곡 증상으로 중이병의 시작을 알렸지만 대부분의 사춘기 아이들이 가장 많이 보이는 증상은 반항적인 언행일 것이다.

내 딸이 사춘기의 시작을 흔한 증상인 반항적인 행동으로 나타냈다면 나 또한 꾸중으로 대응했을 것이다. 하지만 감정적 측면을 먼저 접하게 되면서 나는 부모와 사춘기 자녀와의 관계를 조금 다른 시각에서 보게 되었다. 사춘기 아이들과 부모가 힘든 시간을 보내는 이유는 어쩌면 각자의 기억과 감정이 전혀 교차되지 못한 채 어긋나기 때문일 수 있다는 것이다. 부모와 아이가 한 공간에 있지만 다른 시간에 산다고 할까. 어쩌면 우리 부모들은 사춘기 자녀와의 문제에서 근본적인 것을 놓치고 있는지도 모른다. 과거에 한 번도 행복하지 않았다고 천연덕스럽게 기억을 왜곡하는 아이들의 진짜 속마음, 즉 너무도 불안하고 혼란스러운 그들의 마음에 주의를 기울이는 대신 거짓말과 반항처럼 겉으로 드러나는 행동만 나무라면서 오히려 문제 해결에서 멀어지는 것은 아닐까? 이게 맞다면 어떻게 해결해야 하지? 오랜 고민 끝에 나는 그 하나의, 아니, 어쩌면 유일한 방법이 토론이라는 결론에 이르렀다.

내가 다다른 결론을 부모님들과 공유하고 싶어 이 책을 썼다. 핵심 내용은 책 제목 그대로, 아이가 열 살이 되면 토론을 시작하라는 것이다. 사실 토론이라는 용어는 그리 새로운 것이 아니다. 다만 그동안은 지적 능력 향상이나 공부법 등에 초점이 맞추어져 있었고, 학교나 학원 등에서 주로 하는 것이지 부모가 해야 하는 일이라는 인식은 별로 없었다. 그런데 나는 부모와 아이의 관계를 개선하고 더 나아가 전인격적인 양육법의 하나로 토론의 새로운 가치를 깨닫게 되었다. 뿐만 아니라 오랜 기간 내 아이들과 상담실에서 만나는 청소년들에게 적용해보면서 효과를 더욱 확신하게 되었다. 하다 하다 이젠 토론까지 해야 한다니, 자녀를 키우는 데 이미 심혈을 쏟고 있는 부모님들께 또 하나의 부담이 될 수도 있겠다. 하지만 몇 번만 해본다면 어떤 양육법보다 힘을 덜 들이고 부모의 품격을 유지하면서도 자녀와의 갈등을 효과적으로 해결할 수 있는 방법이라는 걸 알게 될 것이다. 게다가 재미도 느낄 거라고 확신한다. 무엇보다도, 부모님들을 힘들게만 놔두려 하지 않으려 한다. 왜 토론을 해야 하는지, 무엇을 어떻게 토론할 것인지부터 토론의 세부 단계, 토론 중 감정이 올라오면 어떻게 해야 하는지 등에 이르기까지 구체적인 안내를 해드릴 것이므로 부담 없이 따라와보셨으면 좋겠다. 사춘기 자녀를 대하는 데 한결 자신감을 갖게 될 거라고 생각한다.

더 나아가 2부에서는 부모가 왜 이렇게까지 노력해야 하는지 사춘기 아이들의 고충을 다시 이해하고 좀 더 근본적인 해결책까지도 모색해보고자 한다. 그동안 잠시 멀어졌던, 혹은 앞으로 잠시 멀어질, 청소년 자녀와의 관계를 회복할 수 있다는 희망과 안도의 마음을 가질 수 있을 거라고 기대한다. 내심, 그들이 다시 사랑스러워 보일 거라는 데까지 욕심을 내본다. 나 또한 엄마로서, 고군분투해왔던 지난 양육의 시간들을 다독이고 정리도 해보며 부모님들께 동병상련의 마음과 작은 양육팁을 전하고자 책을 쓰기 시작했는데 이상하게도 마지막 장으로 갈수록 청소년에 대한 연서로 바뀌는 느낌이 들었기에 하는 말이다. 부모님들께 애틋함과 경의의 마음을 표하는 동시에, 청소년들에게도 기특하고 고맙고 사랑한다는 말을 전하고 싶다. 20년에 걸친 양육의 대서사시를 써 내려가고 있는 모든 부모님들께 이 책이 조금이나마 도움이 되기를 바라는 마음이다.

# 1부

# 청소년 문제,
# 토론에 해법이 있다

# 1장

# 왜 토론인가

**이젠 토론까지 하라고?**

나와 생각이 다른 사람과 함께 일을 하거나 한 집에서 지내야 한다고 가정해보자. 사사건건 부딪칠 것이다. 이를 해결하는 가장 합리적이고 온화한 방법은 대화를 통해 합의하는 것이다. 아이라고 예외는 아니다. 아이 또한 열 살이 넘으면 나와 생각이 다른, 독립적인 존재가 되어가기 시작한다. 따라서 합의를 해야 할 일이 많아진다.

사춘기 아이들이 아직 완성되지 않은 것은 사실이지만 직장으로 비유하자면 처음부터 모든 것을 가르쳐주어야 하는 신입사원이 아니라 경력사원이다. 열 살쯤 살았으면 세상에 대한 나름의 경력 소지자들이다. 《내가 정말 알아야 할 모든 것은 유치원에서 배웠다》는 책도 있지 않은가? 이 경력자들이 이 시기에 어떤 이유로 잠시 삶의 태도를 바꾸는 것이지, 완전 맹탕은 아니다. 경력 사원을 다룰 때는 그들의 선지식과 경험을 존중해야 최적의 효과를 얻을 수 있다. 많은 부분에서 우리가 그들보다 분명히 한 수 위이지만 삶의 기본적인 문제들에 대해서도 아이가 아직도 우리보다 한참이나 아래라는 생각은 선입견일 수 있다.

그렇다면 이 경력자들은 꾸준히 가던 길을 가면 될 것을 왜 잠시 태도를 바꾸어 부모와 대치하는 퇴행된 행동을 보이는 것인가? 그 또한 그들의 운명이다. 그들은 기존의 태도를 잠시 바꾸어 저항하게끔 운명적으로 결정되어 있다. 그래야 새로운 것을 만들어내기 때문이다. 이들이 이때 태도를 바꾸지 않는다면 지구는 점점 퇴보하여 조만간 우주에서 사라지게 될지도 모른다. 지구에 큰 영靈이 있다면 사춘기 아이들의 모습을 보고 '음… 제대로 굴러가고 있어'라고 기뻐할 것이다.

생물학적 속성도 애들의 운명을 가속화한다. 체격이 커지고, 공격적 성향을 분출하도록 하는 테스토스테론이라는 호르몬이 전체 인생에서 이때 가장 많이 분비된다. 공손한 태도를 계속 유지하면서 새로운 것을 만들어낼 수도 있지 않을까? 그러기에는 첫 번째, 몸이 따라주지 않는다. 테스토스테론 호르몬 자체가 공손함과는 거리가 먼, 으스대고 호전적인 성향을 담당하기 때문이다. 두 번째, 뇌가 따라주지 않는다. 공손한 모습으로 그렇게 하려면 융통성이 필요한데 이런 능력까지 한꺼번에 발달시키기에는 아이들의 뇌 용량이 부족하다. 다시 10여 년이 더 지난 초기 성인기에 들어서야 뇌의 기능이 완벽하게 발휘된다. 그러니 그때가 되기까지 아이들의 여름철 소나기 같은 피 끓는 도전과 일탈을 피할 길은 없다고 봐야 한다. 그렇다고 이들의 무모한 언행을 손 놓고 바라볼 수만도 없다. 우리 부모들도 세상 절대 허투루 살아오지 않았다. 우리도 나름의 진실이 있고 절규가 있다. 그러니 대척의 피해를 최소화하기 위해서 부단히 대화하는 수밖에 없다.

## 사실은 대화를 하자는 것

사춘기 자녀와 토론을 해야 한다는 말을 들었을 때 부모들에게 가장 먼저 드는 생각이 '또 학원에 보내라고? 짜증난다'일지도 모르겠다. 결론부터 말하면, 그러자는 것이 아니다. 내가 말하는 토론은 학원에 다녀야 할 수준의 것이 아니라 그냥 일상적인 대화이다. 그럼에도 '대화' 대신 '토론'이라는 용어를 쓴 것은 정색하고 진지하게 대화를 해야 하기 때문이다. 대화가 필요하다는 것은 부모들이 다 알고는 있지만 그럼에도 자녀와 제대로 대화하지 않기에 실행을 높이기 위해 토론이라고 표현하는 것뿐이다. 우리 부모들이 아이와 대화를 하고 싶어 하지 않을까? 그럴 리는 없을 것이다. 다만 대화를 시작하기가 어렵고 시작해도 금방 감정이 상해서 오히려 관계가 악화되다 보니 피하게 되는 것이라고 생각한다. 그래서 보다 쉽게, 또 지속적으로 대화를 할 수 있는 방법을 고민하다가 토론의 형식이 필요하다는 생각에 이르렀다.

토론의 구성 요소를 살펴보자. 첫 번째로 토론자들이 있어야 하며 이때 어느 상대방도 유령으로 있어선 안 된다. 부모가 일방적으로 자기 할 말만 한다면 상대방을 유령으로 만드는 셈이다. 토론이 끝날 때까지 토론을 시작한 두 사람, 혹은 세 사람은 반드시 인간으로 남아 있어야 한다. 두 번째, 토론자들은 동등한 위치에서 얘기를 나누어야 한다. 내가 나이가 더 많다고, 혹은 더 많이 배웠다고 상대방을 무시하고 결론을 강요하는 것은 토론이아니다. 처음에는 점잖게 얘기를 시작했던 많은 부모들이 5분도채 되지 않아 말을 듣지 않는다고 화를 내면서 협박이나 회유를하곤 하는데 이것은 토론의 기본 정의에서 어긋나는 것이다.

미국 벤치마크 커뮤니케이션사의 CEO이자 30년간 미국 최고의 경영인들을 자문해주었던 주디스 E. 글레이저는 상대방으로부터 진정으로 원하는 것을 얻으려면 '대화지능'을 향상시켜야 한다고 했다. 대화지능이 높다는 것은, 상대를 힘으로 제압하는 게 아니라 힘을 합하여 문제를 해결하는 대화를 한다는 뜻이다. 그는 자신을 비롯하여 수많은 CEO들이 직원과 대화를 할 때 '말하기-설득하기-소리치기 증후군'을 보인다고 표현했다. 처음에는 점잖게 말하는 듯하다가 곧 일방적으로 설득하고 또 금방 소리친다는 것인데 우리 부모들의 모습이기도 하다. 높은 대화지능으로 우아하게 얘기하는 것, 토론의 바람직한 양상이다.

토론의 승자를 결정하는 것은 어려운 일이다. 텔레비전의 유명한 토론 프로그램에서조차 사회자는 의례히 "여러분들이라면 어떤 결론을 내리시겠습니까?"라는 말을 던질 뿐, 직접 승자의 팔을 들어주지 않는다. 하지만 패자는 쉽게 판명난다. 상대방의 주장이나 반격에 화를 내면서 인신공격을 하거나 중간에 자리를 박차고 나가는 사람이다. 부모가 아이와 토론할 때 토론의 내용은 오히려 덜 중요하다. 나중에 다시 말하겠지만 결국은 '합의'가 최종 도착지이다. '합의'가 토론의 결론이라면 까짓것, 그리 어려운 일이 아니다. 오히려 토론에서 가장 중요하고 어려운 것은 감정을 최대한 자제하면서 끝까지 대화를 해나가는 것이다. 이때 감정을 더 잘 자제할 수 있는 사람은 아무래도 내공 9단의 부모이다. 따라서 토론 중에 아이와 부모가 같이 화를 내더라도 모양새는 부모 쪽이 훨씬 더 추하게 된다. 토론을 할 때 부모가 넘어야 하는 가장 높은 고개가 바로 이 감정 통제이다. 이 부분만 넘어간다면 부모는 토론을 통해 사춘기 자녀에 대한 양육의 짐을 많이 벗을 수 있다.


## 열 살은 예선, 중학교 1학년부터 본선

열 살이라는 기준을 잡은 것은 인지발달 단계상 이 나이에 사고력의 발달이 시작되기 때문이다. 이견 없이 받아들여지는 장 피아제의 인지발달 이론에 의하면, 아이들은 4단계의 인지발달 단계를 거치는데 감각-동작기인 1단계(0~2세), 전조작적 사고기인 2단계(3~7세)를 넘어서면 사고력이 본격적으로 발달하는 구체적 조작기(8~12세)와 형식적 조작기(13세 이상)를 차례로 밟는다고 한다. 조작기에 들어가야 논리적 사고가 가능해지고 추상적인 언어를 통한 교육이 가능해진다. 토론은 가상의 문제를 다루므로 사고능력이 뒷받침되어야 하기에 열 살 정도가 적합하다고 보는 것이다.

평균적으로 열 살, 즉 초등학교 4학년 정도라는 것이지 아이에 따라 더 늦게, 혹은 더 빠르게 토론을 시작할 수도 있다. 실제로 많은 부모들은 초등학교 3학년과 4학년의 차이가 꽤 크다는 것을 안다. 고작 한 학년 차이인데도 아이가 3학년 12월 때보다 4학년 4월 때 부쩍 자란 것 같은 느낌을 많이 받을 것이다. 사고력이 갑자기 쑥쑥 자라기 때문이다.

열 살이 정신적 기준이라면 생활적 기준도 있다. 아이가 어느 날 미간을 찌푸린 채 나를 째려본 날, 째려보았는지는 확실하지 않지만 그런 느낌이 든 날, 무언가 서늘한 눈빛이 발사된 바로 그 날이 토론을 준비해야 하는 날이다. 그런 눈빛이 나온다는 것은 아이가 이제 세상과 거대한 싸움을 시작했다는 뜻이다. 단순히 부모와 대치하려는 것이 아니다. 세상의 초입에 마침 부모가 제일 먼저 있어서 그 눈빛을 부모가 가장 먼저 받을 뿐이다. 차라리 부모가 첫 목격자가 되는 게 낫다. 부모 앞에서는 아직도 천사 같은데 어느 날 학교로부터, 혹은 경찰서로부터 '와보셔야겠다'는 전화가 온다면 이미 많이 늦었다. 아이와 매일 교감하는 부모라면 아이의 눈빛이 변한 그날을, 마치 아이가 첫걸음을 뗀 날처럼 선명하게 기억할 수 있다. 그런데 왜 많은 부모들이 그날을 기억하지 못하는 것일까? 첫걸음을 뗀 것은 너무도 기뻤지만 눈빛이 변한 것은 불길한 예감이 들면서 기억하고 싶지 않기에 '내가 잘못 보았겠지' 하고 넘겨버렸기 때문이다.

아이가 첫걸음을 뗀 날은 인간이 달에 처음 착륙한 것만큼이나 아이의 인생에서 대단히 극적인 사건이다. 서늘한 눈빛이 나온 날 역시 그만큼은 아니지만 극적인 분기점인 것은 똑같다. 아이는 이제 아이의 탈을 벗고 준準성인으로 넘어가려 하는 것이다. 이 시기가 옆에서 지켜보는 부모에게는 힘들지만 인류 전체를 놓고 볼 때는 불가피한 과도기이다. 심하고 약하고의 차이가 있을 뿐 이 시기가 없는 아이들은 없다. 간혹 "우리 애는 사춘기 없이 잘 지나갔어요"라고 뿌듯해하는 사람도 있지만, 좀 더 두고 볼 일이다. 정말 엄마가 너무 좋아서, 혹은 감정을 너무 억압해서, 혹은 운 좋게도 감정을 분출할 다른 기회가 있어서 넘어가는 것으로 보일 뿐이지 내면에서 일어나는 일은 다른 아이들과 같으며 이러한 감정 분출이 훨씬 나중에, 즉 성인이 되었을 때 나타나면 오히려 더 위험할 수 있다. 그때는 정말 이들의 일탈을 눈감아줄 사람이 없기 때문이다. 열 살이 되기 전에 부모와 사이가 아주 좋았다면 사춘기 때의 태풍의 강도는 상당히 약하다. 정서적 안정이라는 든든한 자산이 있기에 살짝 휘청거릴지언정 잘 헤쳐 나간다. 아이가 어렸을 때 정서적으로 안정되게 키우는 것은 사춘기를 가뿐히 넘기는 데에도 무척 중요하다.

아울러, 열 살부터 토론을 시작해야 한다는 것에는 보다 깊은 의미가 있다. 사춘기 아이는 부모가 얘기 좀 하자고 하면 무조건 거부반응을 보이는지라 일찌감치 대화의 장을 마련해놓기 위해서이다. 10세부터 13세까지는 예선, 14세 이후 18세까지가 본선이다. 본선 때 제대로 된 토론을 하기 위해 10세부터 뜸을 들이는 것이다. 쌀을 미리 불려놓아야 밥이 맛있게 되듯이 예선 때도 부모는 충분히 공을 들여야 한다. 어릴 때부터 부모가 자신의 말을 받아주는 분위기가 형성되어 있다면 중학생, 고등학생이 되어도 계속 부모와 대화를 한다. 솔직히 백전노장인 부모가 초등학생 아이의 문제를 다루기는 그리 어렵지 않다. 쉬운 문제부터 부모가 성심껏 들어주고 같이 해결책을 모색해주는 모습을 보여주면 이후에 보다 복잡한 문제가 생겼을 때에도 부모에게 털어놓게 된다.

'딸 바보'로 소문난 한 아버지가 어느 날 아침에 열 살이 된 딸아이 어깨에 손을 올리자 딸이 벌레라도 닿은 듯한 표정을 지었단다. 늘 해왔던 행동인데 딸이 지나치게 민감하게 받아들이자 그 아버지는 당혹감과 서운함, 심지어 새끼손가락만 한 분노까지 가미된 복잡한 감정을 느끼면서 얼른 손을 뗐다. 하지만 출근길에서도 기분이 나아지지 않아 속으로 이렇게 외쳤단다. '어쭈, 요 녀석 봐라? 앞으로 손가락 하나 잡아주나 봐라!' 워, 워! 흥분할 일이 아니다. 아이가 왜 그런 표정을 지었는지, 아니, 그런 표정을 지었는지를 알기나 하는 것인지, 앞으로 어떻게 하면 부모와 아이가 기분 상하지 않으면서도 계속 잘 지낼 수 있는지 토론할 때가 되었을 뿐이다.

아주 특별한 경우가 아니고서는 아이가 열 살 때까지는 부모의 존재만으로 충분하다. 정말이다. 열 살까지는 그저 잘 먹이고 잘 재우고 깨끗하게 입히고 많이 웃게 해주기만 하면 모두 부모를 존경하고 사랑한다. 하지만 열 살 이후부터는 부모의 존재감이 말이나 행동으로 깎이기도 하고 높아지기도 하며 그에 따라 부모에 대한 호오의 감정이 서서히 마각을 드러내기 시작한다.

토론을 해야 한다니, 말하는 게 자신 없다고 부담스러워하는 부모들이 있다. 몇 가지만 조심하면 누구라도 말의 힘을 발휘할 수 있으며 그래도 부담스럽다면 꼭 말을 해야 하는 것도 아니다. 눈빛으로, 미소로, 손길로, 때로는 맛있는 음식 한 조각으로도 '너와 늘 함께한다'는 마음을 전달할 수 있다. 이 마음이 사춘기 자녀와의 관계를 개선하는 데 가장 필요한 것이며 토론은 그 방법 중 하나일 뿐이다.


## 한국 부모는 유대인 부모가 아니다

사춘기 자녀를 다루는 데 토론이 중요하다는 생각을 한 후 한국의 상황을 살펴보았을 때 반갑고도 다행이었던 것은, 토론의 필요성을 주장하고 구체적인 방법을 제시한 선구자들이 이미 굉장히 많았고 책도 엄청나게 많았다는 사실이다. 물론 학교 수업과 관련된 책이 압도적으로 많았지만 토론에 관한 팁을 얻고자 하는 부모라면 지금 당장 필요한 책을 구할 수 있다. 필요성도 공감

되어 있고 구체적인 방법도 제시되어 있는데 굳이 내가 토론에 관한 또 하나의 책을 내고자 하는 이유는, 사춘기 자녀와의 관계를 개선하기 위해 부모들이 실천할 수 있는 작은 움직임을 촉발하기 위해서이다.

어느 나라나 마찬가지겠지만 특히 우리나라는 큰 움직임이 있기까지 유난히 시간이 많이 걸리는 것 같다. 2011년에 한국방송대상, 대한민국 콘텐츠 어워드, YMCA 선정 좋은 방송, 한국 PD 연합회 이달의 PD상 등, 상이란 상은 모조리 휩쓸고 〈한겨레〉 신문사로부터 "학교 깊숙이 카메라를 들이대 병든 배움터를 바꿀 해법을 찾았다"는 찬사까지 받았던 텔레비전 프로그램이 있었다. EBS의 〈학교란 무엇인가〉이다. '내 아이의 꿈이 살아나는 가슴 뜨거운 교육 이야기'라는 주제로 교육 현장에서의 치열한 부딪침과 깊은 고민을 포착하여 흔들리는 교육에 새로운 방향을 제시하고 교육의 진정한 목적, 진솔한 학교의 일상, 세계 명문 학교가 추구하는 감동의 지식과 최고의 커리큘럼 등 우리 아이들이 진심으로 행복할 수 있는 교육의 조건을 생생하게 담았던 이 프로그램에 대한 당시의 반향은 뜨거웠다. "보는 내내 뜨거운 눈물을 흘렸습니다. 이런 학교라면 다시 가고 싶습니다"라는 시청자까지 있었다.

이 프로그램에서는 외국의 학교를 소개하는 것에서만 그치지 않고 우리나라 학생들을 대상으로 국내 적용 가능성까지 시도했지만 그 후 지금 이 책을 쓰고 있는 이 시간까지 방송에서 검증하고 제안했던 좋은 교육정책을 한국의 교육계에서 전격적으로 수용해서 실시한다는 얘기를 뚜렷하게 들은 기억은 없다. 여전히 아이들은 아침부터 밤까지 학교와 학원을 쳇바퀴 돌듯이 다니고 있으니 말이다. 왜 그럴까? 정말 모르겠다. 하고 싶은 말은 한 바구니이지만 어차피 명확한 규명은 못 될 것이며 또 다른 비난만 받을 것이다. 한 나라의 교육정책을 바꾸려면 고려해야 할 점이 굉장히 많을 것이고 시간이 걸릴 수밖에 없겠지만 검증된 해법이 있다는데도 왜 우리는 쉽게 받아들이지 못하는지, 도대체 왜 언제나 원점으로 돌아가는지 혼자 힘으로 알아내기에는 역부족이다. 다른 전문가에게 물어보아도 단편적인 해석만 들을 수 있을 뿐이다. 어떤 경제학자가 "전 세계 사람들의 총 재산이 얼마인지를 알아내는 것은 불가능하다"는 말을 한 적이 있는데, 한국이 이토록 문제 많은 교육제도를 답습하는 이유를 알아내는 것도 그런 불가능한 수준인가 보다.

하지만 전체 시스템이 바뀌기 전에 개인적으로 할 수 있는 일이 있다면 먼저 해볼 만하지 않겠는가. 다행히도 이쪽에 선구자들이 계시다. 내가 알기로, 국내에서 가장 왕성한 활동을 하시는 분들은 '하브루타 교육법'을 실천하는 분들이다. 하브루타라는 용어가 낯설어도 '유대인 교육법'이라면 많은 부모님들이 "아하, 그거!" 하실 것이다. 한편으로는 "또 유대인 교육법?" 하면서 반감을 가질지도 모르겠다. 유대인들은 아이가 어렸을 때부터 가정에서 시작해 학교는 물론 회당에서까지 장소와 시간을 가리지 않고 질문과 대화와 토론 중심으로 아이를 교육하는데, 바로 이것이 유대인들이 세계 지성계와 문화계, 정치경제계를 장악하는 비결이라고 한다.

그럼에도, 자식이 공부를 잘하는 방법이 있다면 일단 시도해보는 우리나라 부모들이 유독 하브루타에 대한 관심은 낮아 보인다. 나와 지인들의 주변에서 직·간접적으로 하브루타 교육을 한다는 얘기를 들어본 적이 없다. 물론 언뜻 이해는 된다. 학원은 돈이 들더라도 다른 사람에게 맡기는 것이지만 하브루타는 부모가 직접 해야 한다. 바빠도 너무 바쁜 한국의 부모들에게는 잘 맞지 않는 방법이다. 그렇다면 대부분 맞벌이라고 알려져 있는 이스라엘 부모들은 어떻게 그 바쁜 와중에 자녀 교육에 각별한 시간을 쏟는 걸까? 이에는 그들의 남다른 사회문화적 혹은 정신적 유대감의 영향이 크다고 보여진다.

《질문하는 공부법 하브루타》에 소개되어 있는 이스라엘 사람들의 교육관 몇 개를 살펴보자.

① 이스라엘 교육의 1차 교사는 아버지로, 아버지가 자녀를 가르치는 것을 신의 명령으로 알고 일상생활에서 실천한다.

② 이스라엘 국민은 '하느님께서 늘 보고 계시다'는 것을 믿기 때문에 높은 등수를 차지하고 지식을 외우기 위해 공부하는 것이 아니라 '된 사람'을 기르는 것, 궁극적으로는 영성을 함양하는 것이 목표이다.

③ 이스라엘의 직장은 주 5일 근무로 금요일 저녁부터 아버지와 같이 질문 공부를 한다.

④ 이스라엘에서는 토라 시대 이후부터 탈무드가 유대이즘의 백과사전 역할을 했다.

자, 우리나라의 사정을 보자. 한국에는 전全국가적인 신의 명령이 없으며 아버지는 가정교육에서 대부분 2선이다. 한국에도 '하느님께서 늘 보고 계시다'라고 생각하는 부모들은 많지만 이상하게도 한국에서는 '하느님이 대학에 합격한 아이들을 늘 보고 계시다'라고 작당이라도 한 듯, 영성이나 '된 사람'보다는 사회적 성공을 더 중시한다. 한국에는 탈무드 같은 책이 없으며 아버지가 금요일 저녁부터 아이와 질문 공부를 한다면 "그거 실화야?"라는 반응이 나올 것이다.

이스라엘과 한국의 아버지들을 단순하게 비교하려는 것이 아니다. 두 나라의 아버지들 모두 훌륭하며, 모두 인간적인 약점도 있을 것이다. 다만, 그 나라는 아버지들이 자녀 교육에 헌신하도록 역사문화적인 배경이 뒷받침된다는 것이다. 그 나라의 아버지들은 2천여 년간 나라 없이 떠돌아다니다 보니 숭고하고 성결한 삶을 살아야 하는 소명을 갖고 있어 그렇게 살지 않으면 안 되는 분위기인 듯하다. 아이들 또한 이런 분위기에서는 신의 대리자인 부모에게 절대적으로 순종할 수밖에 없을 것이다.

우리나라에서 하브루타 교육법을 실천하는 아버지들도 이스라엘의 아버지들만큼 훌륭하다.《질문하는 공부법 하브루타》의 공동저자인 양동일 대표는 젊었을 때는 자기만 위해 살다가 아버지 수업을 받으면서 얻은 깨달음을 계기로 인생의 후반부는 헌신하는 아버지로 탈바꿈했노라고 고백한다. 영성과는 거리가 멀어진 이 척박한 한국에서 그토록 소신 있게 올곧은 교육의 길을 펼치는 모습은 진심으로 존경스럽다. 다만, 이것이 오히려 문제라는 생각이 든다. 오직 인품과 결단을 소지한 아버지들만 이런 교육이 가능하다는 느낌을 주는 것이다. 양동일 대표가 직접 자녀에게 던졌던 질문 하나를 보자. "어떤 깊은 숲속에 커다란 아름드리나무가 뿌지직 소리를 내면서 넘어졌다. 그런데 아무도 그 소리를 들은 사람이 없었다. 진짜 소리가 난 것일까?" 양 대표는 아이들과 계속 토론을 하며 "관심과 사랑이 있는 사람은 아주 작은 소리도 들을 수 있다"는 결론을 도출해낸다. 그러면서 "이제 나는 아이들과 한두 시간은 거뜬히 식탁에서 보낼 수 있다"고 말한다.

내가 무슨 말을 하고 싶은지 이해하셨을 것이다. 부모들이 좋은 마음으로 하브루타 교육법을 실천해보려 해도 너무도 훌륭한 질문과 토론 과정의 예를 보며 오히려 '나는 안 돼'라는 생각을 먼저 할 것 같다는 얘기이다. 그렇게 되면 오래 못한다. 세계에서 가장 많은 노벨상 수상자를 길러낸 이스라엘의 '질문과 토론의 교육법'은 분명 옳다. 다만, 우리는 한국인이기에 우리에게 맞는 토론법을 찾아야 한다.


## 한브루타

'한브루타'라는 용어는 당연히 정식 용어가 아니다. 이스라엘의 하브루타와 대비되는 한국의 자녀 양육법을 지칭하는 의미로 내 나름대로 정해본 것이다. 한브루타의 '한'은 한국의 '한韓', 한류의 '한'이다. 나는 대중음악에 문외한이지만, 한류 붐을 일으킨 케이팝K-pop의 특성은 감각적이라는 데 있다고 생각한다. 몸을 움직일 수밖에 없도록 하는 리드미컬한 음악과 압도적인 댄스, 젊다 못해 어린 가수들의 빼어난 외모, 화려한 패션 등이 어우러져

나도 모르게 흥이 나서 따라하게 된다.

케이팝이 단순한 흥을 넘어 마음까지 움직일 수 있음을 느낀 것은 예쁘고 잘생긴 가수들이 몸에 달라붙는 옷을 입고 유혹하듯이 노래할 때가 아니라 우연히 한 광고 영상을 봤을 때였다. 아랍권 국가의 한 여고를 배경으로 한 광고였는데, 히잡을 쓴 여고생들이 케이팝에 맞춰 단체로 춤을 추다가 교사가 들어오자 깔깔대며 황급히 자리에 앉는 영상이었다. 아이들의 즐거운 얼굴이 클로즈업되면서 광고는 끝난다. 아무리 광고라도 아랍권에서 케이팝의 인기가 높기에 촬영이 가능했을 것이다. 히잡으로도 가릴 수 없는 소녀들의 열정과 순수한 마음을 표출시키고 하나로 모은 것은 숭고한 교훈보다 한 가락의 노래였던 것이다. 지구에 있는지도 몰랐던 한국이라는 나라가 단 하나의 곡으로 세상 사람들의 뇌에 박힌다. 세련된 감각은 열 개의 지성보다 큰 힘을 가진다.

케이팝이 한류의 중심을 차지하기 전부터 한국의 청소년들은 케이팝의 주역 그 자체였다. 케이팝의 가치를 일찌감치 알아냈던 청소년들이 국위 선양의 일등공신이 아닐까 싶다. 그렇다면 우리 청소년들 또한 상당히 감각적인 취향이 높다고 말할 수 있다. 물론 청소년기 자체가 감각의 추구가 최고조에 이르는 연령대이긴 하지만 유난히 한국의 아이들은 더 그렇다는 생각이다. 이런 아이들에게 '아름드리나무가 넘어진 사건'이 무슨 의미가 있겠는가? 요점을 말하자면 '한브루타'는 이성적이고 철학적인 주제보다 감각적이고 현실적인 주제부터 시작하는 것이 좋겠다는 생각이다. 일부러 작정하고 토론을 하는 것이 아니라 매일 벌어지는 일을 갖고 무심하게, 시크하게, 때로는 무식해 보일지라도 거침없이, 부담 없이 토론하자는 것이다. 청소년들은 부모가 무식함을 드러낼 때 의외로 좋아한다. 왜 그런지는 정확히 알 수 없지만 누구라도 이겨보고 싶은 마음이 크기 때문이라고 짐작된다. 부모가 심사숙고해서 말해도 애들은 "그거 인터넷에 이미 있다"고 깔아뭉개며 키득거린다. 왜 키득대는지는 알 수 없지만 애들이 웃겠다는데 무슨 수로 말리겠는가. 그렇게라도 웃으면 다행이다. 왜 그런지를 밝히는 데는 시간이 오래 걸린다. 하지만 아이는 매일 자라고 있으므로 우선 할 수 있는 일부터 해보자.

사춘기 자녀와 대화를 할 때는 대화 이외의 것들은 못 본 척해야 한다. 태도가 왜 그러느냐, 눈빛은 왜 그리 건방지냐며 소소한 것들을 지적한다면 대화는 물 건너간 것이다. 지들이 왜 그런 건방진 말투로 얘기하는지는 본인들도 잘 모르며 테스토스테론 호르몬의 힘을 업어 동지들의 말투를 부지불식간에 따라할 뿐이다. 설사 부모가 엄하게 다스려 태도를 온순하게 해놓아도 어차피 학교에 가면 되돌아간다. 자신이 좋아하는 사람의 모습을 더 닮고자 하는 것이 인지상정이기 때문이다. 이 시기에는 부모보다 친구가 백번 더 좋다. 부모는 언젠가부터 자신을 보고 웃지 않으며 자신이 하고 싶은 것은 무조건 반대하고 심지어 자신이 싫어하는 것만 골라서 시킨다. 친구는 반대이다. 자신을 보고 웃어주고 즐거움을 나누며 심지어 학원을 빠지고 떡볶이 먹으러 가는 데에도 동참한다. 그야말로 운명을 같이하는 동지들이며 동지들의 태도와 행동은 반드시 따라해야 하는 생존 매뉴얼이다. 집에서는 욕 한 번 하지 않는데 친구들과 어울릴 때는 욕을 많이 하는 아이도 있다. 그래야 어울릴 수 있으니까. 우리 집 아이들은 초등학교 3학년까지는 부모에게 존댓말을 썼지만 이후로는 슬그머니 반말을 쓰기 시작했다. 부모에게 존댓말을 쓰는 것이 친구들이 보기에 유별나 보였으리라. 사춘기 아이들은 다른 아이들과 다르게 보이는 것, 무리에서 튀는 것을 끔찍하게 싫어한다.

경험 많은 상담가들조차 중학생과 상담할 때는 계급장을 떼고 들어간다는 말을 심심찮게 한다. 학년이 아래일수록, 앞에 앉은 사람이 상담가인 줄 뻔히 알면서도 빤히 쳐다보며 "아줌마(혹은 아저씨) 누구예요? 상담한다면서요, 잘해요?" 이런 식으로 묻는다. 하물며 부모가 중학생인 자녀로부터 공경을 받는다는 것은 우물에서 숭늉을 찾는 격이다. 고등학생은 그래도 이렇게까지는 하지 않는다. 태도를 교정하는 것은 나중에라도 기회가 많이 있으며 때로는 자발적으로 고치기도 한다. 고등학생들은 친구들로부터 "중딩이냐?"는 말을 듣는 즉시 자신의 태도를 고친다. 이런 가공할 만한 힘을 사춘기 자녀의 부모는 절대로 갖지 못한다. 고등학교를 마칠 때까지 친구들로부터 "중딩이냐"는 소리를 들을 기회가 없었다 해도 수능 때 또 한 번의 기회가 온다. 입시 면접을 준비할 때는 잘못된 태도를 지적하면 다 받아들인다. 개중 다소 양심 있는 아이들은 "엄마, 그동안 내가 이런 모습이었다면 도대체 어떻게 참은 거야?"라고 묻기도 한다. 바로 이때, 엄마들은 그동안 참았던 눈물을 쏟거나 "널 사랑하니 참았지"라는 오글거리는 멘트를 날리면서 국면을 전환할 수도 있다.

우리 부모들이 할 일은 애들이 무슨 말을 해도 일단 토론의 기회로 삼아 그 말을 한번 받아보는 것이다. 1시간을 할 것도 없다. 30분을 할 것도 없다. 어차피 그 시간 동안 앉아 있을 아이들도 아니다. 단 10분이라도 아이들의 눈을 쳐다보며 경청하면 된다. 대한민국의 부모는 하루에 단 10분도 청소년 자녀를 진지하게 봐주기 힘들다. 전작 《하루 3시간 엄마 냄새》에서 부모 중 한 사람은 하루에 최소한 3시간은 아이와 같이 있어주어야 한다는 주장을 한 바 있다. 열 살까지는, 특히 여섯 살까지는, 그중에서도 특히 세 살까지는 부모가 최대한 아이와 같이 있어주어야 한다. 이 시기까지의 아이들은 몸과 뇌가 다 미숙해서 양육자의 도움이 필수적이기 때문이다. 하지만 열 살을 넘으면, 앞에서 말했듯이 사고력이 본격적으로 발달할 수 있을 정도로 뇌가 커지면, 이제 매일 3시간 있어주지 않아도 된다. 열 살이 넘으면 경력사원이기 때문이다. 경력사원에게는 결정적인 피드백 한 방이면 충분하듯이 애들도 그렇다. 다만, 한 방은 반드시 있어야 한다. 이것을 간과하면 아이들은 순식간에 일탈한다. 사춘기 아이들을 올바로 이끄는 것은 긴 설명이 아니라 짧은 결정적 한 방이다. 긍정적이고 유익한 방향으로 문제를 해결할 수 있는 결정적 한 방을 날리려면 부모는 사전에 준비를 좀 해야 한다. 어떻게 준비를 해야 하는지 이제 본격적으로 살펴보자.

# 2장

# 무엇을 어떻게
# 토론할 것인가

## 무엇을 토론하나

사춘기 자녀와 대화를 하려면 감각적이고 현실적인 주제에서부터 시작하는 것이 좋겠다고 했다. 어떤 주제들이 있을까? 내 딸의 교복 해프닝을 소개함으로써 답변하려 한다.

해마다 3월에는 학교 주변의 세탁소와 옷 수선실이 들썩인다. 중고등학교 학생들이 교복을 고치기 때문이다. 길이를 줄이는 것은 당연하고 품도 줄이는데 여학생의 경우에는 상의가 너무 타이트해서 밥을 먹을 수나 있는지 걱정될 정도이고 남학생의 경우에는 바지가 너무 타이트해서 쉽게 입고 벗을 수 있도록 종아리 쪽에 지퍼를 달 정도이다. 물론 걸리면 벌점을 받는 학교가 대부분이다.

내 딸이 중학교에 입학한 후 1주일이 지났을 때 치마를 줄여야겠다는 말을 했다. 교복은 치맛단이 무릎을 덮는 것이 가장 예쁘다는 구닥다리 미적 감각을 갖고 있던 나는 학교 규정에 어긋난다는 가장 큰 이유와, 수선 후 마음에 들지 않을 수도 있는데 다시 살 수는 없다는 등의 작은 이유를 들어 몇 번 실랑이를 벌였다. 딸은 디자인이 이상해서 줄일 수밖에 없다는 '교복 하자론'에서부터 우리 학교만 교복이 후지다는 '교복 음모론', 이렇게 불편한 옷을 비싸게 사게 하다니 나라가 이상한 게 아니냐는 '교복 망국론'까지 장황한 설명을 이어갔는데 여기까지는 나도 선방이 가능했지만 학교에서 교복을 줄이지 않은 애는 자기밖에 없어서 친구들이 따돌릴 거라는 '교복 왕따론'까지 주장했을 때는 멈칫할 수밖에 없었다. 앞의 세 가지 주장과 달리 '왕따'는 청소년 세계에서는 논리적인 대처가 불가능하기 때문이었다. 나는 할 수 없이 한발 물러나 지나치게 짧지 않게 하겠다는 약속을 받아낸 후 어디서 고치느냐, 가격은 얼마냐고 물었다. 딸은 아이들이 많이 가는 세탁소가 있는데 가격도 몇천 원밖에 안 된다며 애원하는 눈빛을 보냈다. 그런데 막상 딸과 교복을 갖고 세탁소에 들어가자마자 사장님은 손사래를 치며 교복 수선은 안 한다는 거였다.

"네? 아이들이 모두 여기서 고쳤다는데요?"

"그저께까진 그랬죠. 한 학생이 교복 치마를 옷핀으로 집어놓은 데까지 잘라주면 된다고 해서 그렇게 해주었는데 어제 그 학생 엄마가 와서 세탁소를 뒤집어놓고 갔어요. 철없는 애가 잘라 달란다고 해서 그대로 해주냐, 아저씨 딸이라면 팬티가 다 보일 정도로 치마를 잘라주겠느냐, 돈만 벌면 다냐, 하면서 고래고래 소리를 지르며 교복을 던지고 가더라고요. 내 참, 더럽고 지겨워 서 이젠 교복만 봐도 치가 떨린다고요."

나는 딸의 얼굴을 쳐다보았다. 딸은 입술을 꾹 다물고 아무 말 이 없었다. 그렇게 주말을 보냈고 나도 잠시 숨을 고를 수 있었 다. 그다음 주에 다시 딸이 말했다. "엄마, 그 세탁소는 안 되겠 고, 다른 세탁소가 또 있다는데, 거기는 수선비가 많이 비싸대. 몇만 원 줘야 한대. 해줄 거야?"

"음… 엄마가 돈이 아까워서가 아니라 교복 좀 싸게 사보겠다 고 나름 발품을 팔아서 산 건데 그 아낀 돈을 다시 수선비로 쓰려 니 이건 아니다 싶어. 지난번에 세탁소 뒤집어놓았다는 어떤 엄 마도 그래서 더 화가 났을지도 모르지. 나는 솔직히 교복 짧게 입 고 다니는 애들이 예쁘게 보이지 않아. 학교 규범에도 어긋나고. 그럼에도 네가 왕따 어쩌고 해서 들어주려 한 거였거든. 하지만 엄마가 반대하는 일에 엄마 돈을 쓰는 건 아닌 것 같아. 교복을 고치겠다는 네가 수선비를 내는 게 맞지 않겠어? 설날에 받았던 용돈도 있잖아."

딸은 생각해보겠다고 했다. 며칠 후 딸은 그냥 허리를 접어서 다녀보다가 정 안 되면 그때 고치겠다고 했다. 그렇게 딸은 중학교를 졸업할 때까지 교복을 고치지 않았다. 나중에 물어보니 자기 돈을 쓰기 싫었다는 것, 엄마 돈을 쓰는 것도 아닌 것 같았다는 것, 세탁소 사건도 계속 마음에 걸렸다는 것, 그리고 입학 초의 태풍 같은 교복 수선 시기를 지나니 안 고친 아이도 있고 고친후 후회하는 아이도 있고 등교 때마다 치마 길이 때문에 선생님으로부터 야단을 맞는 아이도 있어서 머리가 복잡해서 넘어가다보니 그렇게 되었다고 했다. 여기까지가 해프닝이다.

나는 이 일을 계기로 반드시 거창한 주제로만 토론을 할 필요는 없으며 교복 수선 같은 일상적인 주제로도 충분히 토론이 가능하다는 생각이 들었다. 일상적으로 일어나는 일들, 특히 청소년들이 빨리 답을 얻고 싶어 하는 문제를 소재로 하여 얼마든지토론이 가능하다. 오히려 이런 주제들이 아이들을 대화의 장으로 끌어내기가 더 쉬우며 해결책도 빨리 찾아낼 수 있다. 그런 식으로 아이들의 마음 문을 연 후 점점 어렵고 추상적인 주제로 옮겨가면 될 것이며 이 부분은 공교육에 맡겨보자. 이스라엘에서는토론에서 시작하여 노벨상으로 끝나는 영화 같은 일들이 일어나는 모양이지만 대한민국에서는 영화보다 현실이 우선이다. 중이병을 비롯한 사춘기의 통과의례를 온 가족이 잘 넘기도록 토론이 도움이 되기를 바랄 뿐이다.

## 어떤 이야기에서 시작하나

토론의 발제는 '교복을 줄이고 싶다'와 같이 아이가 할 수도 있고 부모가 할 수도 있다. 그런데 부모가 발제를 할 때는 아이의 연령에 맞게 세심하게 접근해야 한다. 열 살 이전의 아이는 부모가 "하늘은 왜 파랄까?"라고 얘기를 끌어가도 눈을 반짝이며 집중한다. 하지만 청소년들에게는 손발이 오그라드는 주제가 아닐 수 없다. 어릴 때부터 토론이 습관화된 가정이 아니고서야 어색한 침묵만이 감돌 것이다. 학교에서야 그런 주제로 수업도 하니 싫든 좋든 동참하겠지만 집에서 토론을 하기에는 적합하지 않다. 그러니 아이가 관심을 보일 만한 주제를 잘 찾는 것이 중요하다. 그런데 이런 개별적인 주제와 상관없이 부모가 반드시 토론을 시도해야 하는 몇 가지 경우들이 있다.

첫 번째는 아이의 평소 기분 상태나 생활 패턴에서 변화가 감지될 때이다. 유난히 우울해한다든지 귀가 시간이 지나치게 늦어진다든지 용돈을 너무 많이 쓴다든지 친구와 전화를 심하게 오래 한다든지 게임을 지나치게 많이 하는 등 평소와 갑자기 달라진 행동을 할 때이다. 어쩌다 한두 번은 넘길 수 있지만 3일 이상 계속 그런 행동이 나타난다면 빠른 개입이 필요하다. 스트레스를 많이 받아 부적절하게 처신하고 있을 가능성이 높기 때문이다.

두 번째는 아이가 도덕적인 측면에서 문제 되는 모습을 보일 때이다. 친구에 대해 욕을 한다든지 다른 친구들과 어울려 다니면서 한 친구를 따돌린다든지, 무심코 문방구에서 작은 물건을 집어왔다든지 등의 일이 있었다는 것을 알게 되면 바로 토론을 해야 한다. 그런 행동을 보면 즉시 야단을 치고 싶겠지만 사춘기 자녀에게는 야단 이전에 왜 그랬는지 먼저 물어보는 것이 중요하다. 부모가 미처 생각하지 못했던 이유를 듣게 될 수 있다. 토론의 목표는 나쁜 행동을 했음을 계속 지적해서 죄의식을 심어주는 것이 아니라, 나쁜 행동을 계속할 경우 결국에는 자신이 가장 큰 피해자가 된다는 것을 알게 하고 올바른 가치관과 행동을 생각하도록 해주는 것이다. 학교 폭력 가해학생이나 도벽이 있는 아이들을 상담해보면 남의 물건을 가져오거나 친구를 건드린 첫날, 부모가 별생각 없이 지나친 때가 많다. 대개 초등학교 2~3학년 때쯤 이런 행동이 처음 나타나는데 도덕적 사고능력이 미숙하여 하게 되는 행동이므로 초기에 부모가 진화하여 올바른 방향으로 인도하면 나중에 불미스러운 일이 일어나지 않는다. 이외에도 술 담배를 하는 것 같을 때, 성에 대한 관심이 지나치게 많을 때도 바로 제재를 가하기보다는 토론을 먼저 해야 한다.

하지만 위와 같은 상황에서 부모가 무턱대고 얘기 좀 하자고 하면 아이들은 절대로 응하지 않는다. 따라서 첫 말이 대단히 중요하다. 담배 피우는 것에 관해 얘기를 한다고 가정해보자. 많은 부모들이 "야, 너 담배 피우는 거 맞지? 벌써부터 담배 피우면 어쩌려고 그래? 어? 일찍 죽으려고 작정했어? 어? 그러다 학교에서 걸리면 대학교 가는 데에도 지장 있고, 어?" 이런 식으로 말하곤 한다. 누구라도 자리를 뜨고 싶어 할 것이다.

같은 내용인데도 이번에는 토론을 한다고 가정해보자. "엄마 생각에 네가 담배를 피우는 것 같은데, 맞니?" "그래, 그렇구나. 엄마는 마음이 몹시 무겁지만 너도 그럴 만한 사정이 있었겠지." "그래, 담배를 피울 정도로 답답한 일이 무엇이었는지 말해줄 수 있니?" 누구라도 얘기하고 싶은 마음이 좀 더 들 것이다. 내가 왜 '대화'가 아닌 '토론'을 해야 한다고 주장하는지 한 번 더 생각해주기를 바란다. 토론을 한다고 마음먹으면 좀 더 신중하게 말하게 되고 상대방을 좀 더 배려하게 된다. 시작이 반이라고, 이런 태도로 접근하면 청소년 문제는 이미 반은 풀린 것이다.

부모들은 이 외에도 발제할 것이 많지만 아이가 발제자가 되는 경우는 하나밖에 없다. 무엇을 요구할 때이다. 청소년은 자기가 아쉬울 때, 특히 돈이 필요할 때에나 부모에게 얘기한다. 아니, 통보한다. 어쨌든 이런 경우에는 아이가 먼저 대화를, 더 솔직하게 말하면 대화의 결투를 신청한 셈이므로 이 결투가 쌍방 총싸움으로 헛되게 끝나지 않도록 더욱 신경을 써야 하며 상당히 격정적인 토론이 예상되므로 부모는 마음의 준비를 잘 해야 한다.

## 토론의 5단계 다지기

내 딸의 교복 해프닝을 생각해보면, 그때는 작정하고 토론을 한 것이 아니었기에 체계적으로 되진 않았지만 알게 모르게 나와 딸은 아래와 같은 토론의 기본 흐름을 따라가고 있었다.

① A는 교복을 줄이고 싶으며 줄여야 하는 이유를 제시했다.

② B는 반대하며 그 이유 또한 제시했다.

③ A와 B가 계속 대립하자 최종적으로는 한발씩 양보하여 너무 짧지 않게 교복을 고치기로 합의했다.

④ 비용은 교복을 줄이고자 하는 A가 부담하기로 했다.

⑤ A는 그 과정에서 여러 가지 일을 경험하며 처음과 조금 다른 측면에서 생각을 해볼 수 있었고 원래의 의도와 달리 교복 수선을 포기했지만 마음에 앙금은 없다. B가 자신이 원하는 것을 들어주려 했기 때문이다.

자, 이제 토론의 5단계를 정식으로 살펴보자. 아이가 무엇을 요구할 때를 예로 들어보겠다.

1단계: 아이가 무엇을 요구하면 그것을 가져야 하는(해야 하는) 이유를 경청한다.

2단계: 부모가 허락하고 싶지 않다면 그 이유를 말해준다. 또한 아이의 말에서 잘못 알고 있는 점, 모순되는 점 등을 지적해준다.

3단계: 부모와 아이가 타협하여 윈윈win-win할 수 있는 방법을 같이 찾는다.

4단계: 아이가 책임져야 할 부분에 대해 언급하고 확인을 받아낸다(필요시 수익자 부담, 혹은 요구자 부담의 뜻을 잘 설명한다).

5단계: 감정적 앙금이 없도록 마무리를 잘 한다. '서로 의견이 달랐지만 우리는 너를 믿고 사랑한다'는 메시지를 분명히 전달한다.


모든 토론은 대략 위의 5단계 과정으로 이루어진다. 5단계 과정에서 청소년과 대화를 하는 보람이 느껴지는 것이 4단계의 '수익자 부담' 같은 용어를 받아들일 때이다. 더 어린아이들은 왜 자기가 돈을 내야 하냐며 바닥에 드러누워 떼를 쓰는데 청소년들은 적어도 그런 행동은 하지 않으며 이 뜻을 일단 이해하거나 이해하는 척한다. 무척 고마운 일이 아닐 수 없다. 위의 5단계를 반드시 지켜야 하는 것은 아니며 문제에 따라, 상황에 따라 융통성 있게 적용하면 된다.

이제부터 토론의 5단계를 좀 더 구체적으로 살펴볼 터인데, 빠른 이해를 위해 '아이가 교복을 줄이고 싶어 한다'는 가정으로 얘기를 풀어가겠다.

## 1단계: 네가 진짜로 원하는 게 뭐니?

아이가 무엇을 요구하면
그것을 가져야 하는(해야 하는) 이유를 경청한다.

1단계는 아이의 얘기를 들어주는 단계인데, 단순히 얘기만 들어주는 것이 아니라 감정도 공감해주어야 한다. 앞의 토론의 5단계에서 가장 중요한 단계를 부모들에게 물어보면 많은 분들이 적절한 타협안을 찾는 3단계라고 답하는데 오히려 1단계가 가장 중요하다. 아이의 감정까지도 수용해주어야 하기 때문이다. 아이가 교복을 줄이고 싶어 한다면, 그렇게 하고자 하는 내면의 감정, 즉 인정받고 싶어 하는 욕구라든지 외모에 대한 열등감 등을 헤아려주고 공감해주어야 한다. "그 정도면 충분히 예쁜데 왜 열등감을 느껴? 이해가 안 된다" "그깟 교복 좀 줄인다고 예뻐지냐?" "넌 이미 예쁘니까 교복 줄일 필요 없어"와 같은 말을 해줘봤자 사춘기 아이들에게는 외계어로 들릴 뿐이다. 그러면 아이는 부모를 떠나 자기들의 지구를 찾아가거나 다른 외계를 찾아간다.

때로는 감정적으로 받아주기만 해도 마음이 풀려 스스로 요구를 철회할 때도 있다. 아이가 "엄마, 오늘 학원 안 갈래"라고 말했을 때 지구의 종말이라도 온 듯한 표정으로 노려보지 말고 부드러운 목소리로 "가고 싶지 않은가 보구나. 힘든가 보다"라고 말하면 "에이, 그냥 해본 소리야. 오늘 안 가면 내일 숙제가 더 많겠지" 하면서 훌쩍 나간다. 아이의 명치에 얹혀 있던 감정을 받아주면 체기가 가신 아이는 한결 합리적으로 행동하게 된다. 아이가 어떤 것을 요구하는 이면에는 말로 표현하기 힘든 복잡한 감정이 깔려 있을 때가 많다. 그 감정을 번역해본다면 "엄마, 가슴이 꽉 막힌 것같이 힘들어. 난 왜 이렇게 못생겼지? 난 왜 이렇게 촌스럽지? 치마를 줄여서라도 친구들하고 어울리면 좀 나을까? 엄마, 나 어떻게 할까?" 같은, SOS 신호를 보내는 것이다.

## 2단계: 우리는 이런 점을 우려한다

부모가 허락하고 싶지 않다면 그 이유를 말해준다.
또한 아이의 말에서 잘못 알고 있는 점,
모순되는 점 등을 지적해준다.

아이가 무엇을 요구하는 이유는 매우 단순하고 충동적일 때가 많다. 다른 아이들도 하니까 해야 한다, 그것만 하면 행복해질 것 같다, 그걸 안 해서 불행하다는 등 상당히 자기중심적이다. 따라서 부모는 아이의 요구나 생각을 객관적인 시각에서 짚어주어야 한다. 단, 절대로 비난하지 말고 중립적으로 지적만 해준다. "그렇구나, 그렇다면 이 문제는 생각해보았니?" "그래, 네 생각은 알겠어. 그런데 그렇게 했을 때 발생할 수 있는 이 문제는 어떻게 해결할 거니?" 이런 식으로 말하면 좋다.

부모가 중립적인 지적을 해주려면 부모가 중요하게 여기는 것과 아이가 중요하게 여기는 것에 차이가 있으며, 그것을 어느 정도의 수준에서 수용할지를 미리 생각해야 한다. 부모에게는 아이가 교복 길이를 줄이면 학교 규범을 어기게 된다는 공포가 있다. 하지만 아이는 교복 길이가 길면 촌스럽다고 친구들로부터 수군거림을 받을 것 같은 공포가 있다. 부모는 규범이 더 중요하지만 아이는 친구들과 잘 지내는 것이 더 중요하다. 아이도 교복을 줄이면 벌점을 받는다는 것을 안다. 하지만 벌점을 받아보았자 화장실 청소만 하면 되는 수준이지만 교복을 줄이지 않아 소외되면 폐를 찌르는 고통이 유발된다. 이 말은 절대로 과장이 아니다. 따돌림을 당한 사람의 뇌에서는 뼈가 부러지는 정도의 물리적 고통을 느낄 때 활성화되는 뇌 부위와 똑같은 영역이 활성화된다는 신경심리학적 연구가 있다. 그렇다면 부모는 왜 소외감을 큰 고통이라고 생각하지 않을까? 지금 그렇게 생각하지 않는 것이지 부모도 예전에는 똑같이 고통스러웠다. 다만 잊어버렸을 뿐이다. 이후 더 큰 고통을 경험하면서 상대적으로 그때의 고통이 작게 느껴졌기 때문이다. 하지만 아이에게는 소외감이 현재 가장 큰 고통이다.

혹시라도, 학교 규범 중에 '교복을 줄이면 퇴학'이라는 항목이 있다면 아이가 울더라도 교복을 줄이라고 허락할 수는 없다. 물론 그런 학교에서는 교복을 줄이는 학생이 굉장히 드물겠지만. 요점은, 하나의 답은 없다. 부모의 성향과 가치관, 아이의 욕구와 두려움, 학교 규범의 엄함 등 다양한 요소들을 고려해서 각 가정에 맞는 적절한 답을 찾을 뿐이다. 사춘기 자녀를 키우는 모든 집안에 맞는 모범 답안은 없다. 가족이 머리를 맞대어 최적의 솔루션을 찾아야 한다. 특히 아이의 형제자매는 세대 차이를 극복할 수 있는 훌륭한 도우미가 된다. 대학생 아들이 징징대는 여동생의 말을 듣고 있다가 엄마에게 "에이, 교복 고치게 해줘. 걸리면 걸리는 거지. 애들한테 따 당하는 것보다 낫지"라고 말한다면 그 말을 따르는 게 맞다. 그런 말을 하는 아들에게 "너까지 왜 그래? 에구, 도움이 안 된다, 도움이 안 돼"라고 소리친다면 부모는 두 명의 자녀로부터 마음을 잃게 된다. 그때는 부모가 소외감이라는 게 상당히 고통스럽다는 것을 새삼 알게 될 것이다.

토론을 하는 날 반드시 결정을 내려야 하는 것은 아니다. 아이의 얘기만 잘 들어준 후 결정은 다음에 내리자고 하면 그사이에 아이는 친구들과 얘기도 하고 인터넷도 뒤져보고 학교에서 크고 작은 일을 겪으며 생각이 바뀌기도 한다. 부모도 자신들이 처음 제시했던 이유들이 정말로 합리적인지 되새김해보면 좋다. 비합리적인 면이 있었다면 깨끗하게 인정하고 아이의 요구를 수용하면 된다. 조심해야 할 것은, 처음에는 제시하지 않았는데 그사이에 더 훌륭한(?) 반대 이유가 생각나 더 강하게 반대를 하게 되는 것이다. 이럴 때는 이미 엎지른 물이니 다음에 제대로 해보자고 마음먹고 멈추는 게 백번 현명하다.

### 3단계: 윈윈win-win이 아니라 윈윈Win-win
부모와 아이가 타협하여
윈윈할 수 있는 방법을 같이 찾는다.

사춘기 자녀와의 토론에서는 첫 번째도 타협, 두 번째도 타협임을 명심해야 한다. 타협이란, 쌍방이 윈윈win-win하는 것이다. 다만, 윈윈의 비율을 어떻게 할지가 중요하다. 흔히 우리는 윈윈이라면 50대50을 생각한다. 나와 네가 똑같이 이득을 봐야 하고, 정 안 되면 나도 손해 보는 것이 없고 너도 손해 보는 것이 없어야 한다. 그런데 청소년과의 토론에서는 단 1퍼센트라도 아이가 가져가는 것이 많아야 한다. 50대50이 아니라 60대40, 혹은 70대30이 되도록 하고 정 안 되면 51대49라도 되어야 한다.

앞서 소개한 교복 해프닝에서 내가 결국 교복 수선을 허락한 것에 대해 독자들은 엄마가 진 것이 아니냐고 말할 수도 있다. 하지만 내가 져준 이유는 딸 입장에서 자신이 가져가야 하는 것이 많다고 생각해야 하기 때문이다. 일단 큰 것을 가져가야(교복 수선) 작은 것을 양보할 수 있다(치마 길이 조정). 하지만 다시 꼼꼼히 생각해보면 나 또한 진 것이 아니다. 작은 것을 양보해서(교복 수선 허락) 더 큰 것을 얻었기 때문이다(지속적인 대화, 무난한 사이). 사춘기 자녀가 있다면 잠시 '행복한 사이'는 꿈꾸기 어렵다. '무난한 사이'면 참으로 무난하다.

사춘기 자녀와 토론을 할 때는 '무엇이 진실인가'보다 '어떻게 하면 행복할까'를 더 많이 생각해야 한다. 교복 수선을 원하는 아이와 반대하는 엄마가 갈 데까지 한번 붙어보는 것이 오히려 토론의 진실일 수도 있다. 소크라테스는 제자들과 그렇게 논박을 했을 것이다. 하지만 맘크라테스는 진실만으로 사춘기 자녀를 다스릴 수 없다. 상대방이 잠시 동안은 세상의 진실을 인정하지 않기 때문이다. 그들은 당분간 그들의 진실에만 관심이 있다. 우리들의 집은 아테네 신전이 아니라 하루하루를 버텨내야 하는 시장 바닥이라는 것을 명심하자.

아이는 자기가 가져가는 것이 작다고 생각하면 다시는 부모와 대화를 하려 하지 않는다. 어차피 부모는 어이없는 '진실'로 협박하고 회유할 것이기 때문이다. 아이가 부모와 대화를 꺼려 한다면 속마음은 이럴 가능성이 높다. '말한다고 뭐가 달라져?' 부모와 사사건건 부딪치는 5학년 학생이 있었다. 충분히 들어줄 수 있는데도 부모의 말을 무조건 거부하기에 나는 "네 마음이 이해는 가지만 숙제 먼저 하고 게임하는 정도는 들어줄 수 있지 않아? 그러면 너도 마음 편히 게임할 수 있잖아"라고 말했다. 그 학생은 이렇게 말했다. "들어줄 수 있죠. 하지만 한번 들어주면 엄마가 바로 그다음을 요구하니까 문제죠. 거봐라, 되지 않느냐, 그럼 숙제 후에 예습 한 번 더 하고 게임해라… 이런 식이라니까요. 지겨워요, 지겨워. 말을 아예 안 하는 게 낫죠." 이 학생의 비죽거림이 이 집에서만 일어나는 일은 아닐 것이다.

부모나 다른 가족이 불행한데도 아이만 행복하게 토론을 끝내서는 당연히 안 된다. 하지만 최대한 아이가 행복해하는 방향으로 토론을 끌어가자. 그렇게 아이의 마음을 먼저 얻으면 언젠가는 세상의 진실에 관한 토론도 가능할 것이고 진정한 원원도 얻어낼 수 있을 것이다. 부모들이 정말로 하고 싶은 얘기들, 성 문제, 돈 문제, 진로 문제 등에 대해서도 허심탄회하게 얘기할 수 있게 된다.

### 4단계: 너의 선택에는 책임이 따른단다
아이가 책임져야 할 부분에 대해
언급하고 확인을 받아낸다.

이 단계는 2단계를 좀 더 확장한 것이다. 2단계가 아이가 원하는 대로 할 경우 일어날 수 있는 일들에 대해 알게 하는 단계라면, 이 단계에서는 그렇게 알게 된 것들을 수용하고 책임을 지게 하는 단계이다. 자신이 원하는 대로 교복을 줄였을 경우 벌어질 수 있는 일들, 즉 벌점을 받는다든지 선생님으로부터 야단을 맞는다든지 하는 상황을 모두 수용하겠다는 확언을 받아낸다. 혹은 고친 교복이 맘에 들지 않더라도 새로 사줄 수 없다, 교복 수선비는 본인이 부담한다 등에 대해 얘기할 수도 있다. 각 가정마다 나누는 얘기들이 달라지겠지만, 자신이 원하는 것을 가지려면 책임질 부분이 있다는 것을 확실히 알게 하는 것이 이 단계에서 할 일이다. 평소에 아이가 자신이 한 말을 잘 지키지 않는 편이라면 확인증이라도 쓰고 부모와 아이, 양측의 사인도 넣어야 한다. 나중에 아이가 약속과 다른 언행을 보일 때 증거를 내밀고 한 번 더 지혜로운 해결책을 모색해야 하기 때문이다.

간혹 이 단계에서 두 번째 합의를 해야 할 때가 있다. 자신이 책임져야 하는 부분에 대해 아이가 받아들이기를 거부하거나 부당하다고 화를 내면 부모도 한발 물러나 대안책을 찾아야 한다. 하지만 내 경험상 두 번째 합의까지 가는 경우는 매우 드물다. 대부분의 아이들이 그렇게까지 부모와 자주 얘기를 하지 않기 때문이다. 그럼에도 두 번째 합의까지 가게 되었다면 아이와 한 번 더 얘기할 기회가 생겼으므로 반가워할 일이다. 어쨌거나 아이의 생각이 조금 자란 셈이니까.

## 5단계: 여전히 너를 사랑해

감정적 앙금이 없도록 마무리를 잘 한다.
'서로 의견이 달랐지만 우리는 너를 믿고 사랑한다'는
메시지를 분명히 전달한다.

토론을 하다 보면 감정이 상하기 마련이다. 그럴수록 절대 불가침의 감정, 즉 '여전히 너를 사랑한다'는 마음은 고스란히 전달되도록 주의를 기울여야 한다. 토론을 비난으로 받아들임으로써 부모가 자신을 사랑하지 않는다고 오해할 수 있기 때문이다. 그런데, 앞에서 말한 원원의 비율대로 결론이 났고 그 과정에서 아이의 감정도 어느 정도 잘 받아주었다면 아이는 별로 앙금이 없을 것이다. 의외로 부모의 감정이 좋지 않게 된다. 말로는 아이의 요구를 들어주었지만 마음속으로는 분노하고 실망하며 그런 감정이 오래 남아 있기도 한다. 좀 냉정하게 들릴지 모르겠지만 아이와의 토론은 하루벌이 장사처럼 해야 한다. 장사가 잘될 수도 있고 손해 볼 수도 있지만 하루가 지나갔으면 그날 장사는 끝난 것이다. 툴툴 털어버리고 휴식한 후 내일 장사를 준비해야 한다. 어차피 아이는 내일, 혹은 다음 주에 또 다른 장사를 하러 올 것이다. 아이는 미래의 단골 고객 만나듯이 다루어야 한다. 단골 고객이 때로 짜증을 부리고 심지어 진상 짓을 해도 미래의 행복을 위해서 두 눈 질끈 감고 참는 것처럼 말이다. 사춘기 아이들과 대화를 할 때 인내심을 갖고 대하는 것은 가족의 미래 행복을 위한 가장 확실한 투자이다.


## 알아두면 쓸모 있는 토론의 8가지 잔기술

지금까지 말한 것들만 잘 지켜도 아이와 토론하는 데에는 문제가 없다. 동등한 입장에서 아이의 얘기를 끝까지 들어주고 좋은 방향으로 끌어주겠다는 마음, 이것이 본질이며 나머지 기술들은 형식적인 것이다. 다만, 몇 가지 기술을 알아두면 토론을 시작할 때나 막힐 때 훨씬 여유롭게 진행할 수 있을 것이다.

첫 번째, 시간의 기술이다. 토론 시간은 짧을수록 좋다. 청소년들은 한 번에 10분만 얘기해도 충분하다. 그 이상 길어지면 눈동자가 돌아가기 시작한다. 미국 피츠버그대학교와 하버드대학교에서 14세 사춘기 아이들에게 특정 녹음을 30초간 들려주는 공동연구를 한 바 있다. 녹음을 듣는 동안 아이들의 뇌 활동을 살펴보았는데 사춘기 아이들의 뇌가 가장 공감하길 거부했던 목소리는 바로 부모의 잔소리였다고 한다. 잔소리로 받아들이는 기준이 뭘까? 반복되는 내용과 시간이다. 아무리 좋은 얘기도 시간이 길어지면 잔소리로 듣게 된다. 아이가 열 살이 넘으면 부모는 이전에 비해 말하는 시간을 대폭 줄여야 한다. 그럴수록 아이는 친구들로부터 "네 부모님 참 멋지다"는 말을 듣게 될 것이다. 얼굴에 미소는 있는데 말은 별로 안 한다? 상당히 내공 있어 보이는 부모의 모습이다.

두 번째, 주제의 기술이다. 한 번에 하나씩의 주제만 말하자. 날 잡았다고 그동안의 잘못을 한꺼번에 몰아서 얘기하면 원래 말하고자 했던 가장 중요한 메시지를 전달하지 못하게 될 뿐 아니라 이후 소통 자체가 어려워진다.

세 번째, 표현의 기술이다. 표현의 기술에서 특히 중요한 것은 다음과 같다.

① 간결하고 명료하게 말해야 한다. 중언부언, 주야장천, 장광설 등은 청소년과의 대화에서는 꿈도 꾸지 말아야 한다. 평소 말하기에 자신이 좀 없는 부모라면, '자식 놈에게 이렇게까지 해야 하나?' 하며 다소 민망할지도 모르겠지만, 아이에게 할 얘기를 종이에 써보는 것도 명료한 대화를 하는데 큰 도움이 된다. 글을 쓰다가 멈춰지는 부분을 말하는 상황으로 바꿔본다면 대개 앞에서 한 얘기 또 하고 불필요한 추임새나 비난조의 감정적인 말을 할 가능성이 높다. 글로 썼을 때 매끄럽게 내용이 전개되었다면 그것을 두세 번 읽어본 후 대화를 시작해보자. 놀랄 만큼 얘기가 잘 풀린다는 것을 알게 될 것이다.

② 조사하는 말투("왜 그랬는데?"), 평가나 해석하는 말투("거짓말하지 마" "네가

잘못 생각했잖아"), 섣부른 해답이나 제안("선생님한테 가서 말해"), 성급한 지지("무조건 널 믿어")는 토론에 오히려 독이 된다.

③ 질문을 할 때는 중립적인 질문, 개방형 질문이 좋다. 교복을 줄이고 싶다는 아이에게 "줄였다가 선생님한테 혼나면 어쩔 건데?"라고 묻는 것은 폐쇄형 질문이다. 개방형 질문은 "줄였을 때 벌어질 수 있는 일에는 뭐가 있을까?"라고 묻는 것이다. 이성 친구와 다투었다는 아이에게 "그러면 이참에 끝내. 어차피 공부하려면 그만 만나야 하잖아?"라고 묻는 것은 편파적 질문이자 아예 질문도 아니다. "지금 네가 가장 힘든 게 뭐니?"라고 물어주는 게 중립적 질문이다. 개방형 질문, 중립적 질문을 많이 할수록 토론이 부드러워지고 아이가 더 적극적으로 참여하게 된다.

네 번째, 음성의 기술이다. 나지막하게 힘 있는 목소리로 천천히, 여유 있게 말하면 목소리만으로도 진심이 전달된다. 이런 음성은 방바닥에 눕거나 벽에 기대서는 나올 수 없다. 회사에서 직원에게 중요한 사항을 전달하고 경청할 때처럼 어느 정도 격식 있는 몸가짐을 가질 때 나온다. 하물며 텔레비전을 보는 등 딴 일을 하면서 말한다면 설득력 있는 음성이 나올 수가 없다. 10분을 말하더라도 소음이 없는 조용하고 쾌적한 곳에서 토론을 하는 게 원칙이다. 조용하지는 않더라도, 쓰레기 분리수거를 하러 같이 나갔다가 놀이터 그네에 앉아서 얘기를 한다든지 동네를 한

바퀴 돌면서 얘기한다면 그날은 서로에게 천사의 음성으로 들릴 것이다. 설득력 있는 음성을 갖기 위한 팁을 하나 더 말하자면, 대화를 시작하기 전에 심호흡을 몇 번 하는 것이다. 좀 더 마음이 편해지고 여유를 가지게 된다.

다섯 번째, 초심의 기술이다. 토론하는 중에 얘기가 삼천포로 빠지면서 이유 없이 감정이 올라오거나 맥이 빠질 때가 있다. 그럴 때는 토론을 하고자 했던 초심을 기억해내야 하는데, 속으로 이런 질문을 하는 것이 도움이 된다. '나는 지금 얘한테 무엇을 가르치길 원하는 거지? 그걸 어떻게 하면 가장 잘 가르칠 수 있을까?' 중간에 한두 번 정도는 아이의 말을 요약해서 되짚어줄 필요가 있다. 필기를 하는 것도 좋다. 초심이라는 뜻에는 아이가 '일부러' 그러는 게 아니라 '어려움이 있어서' 그렇게 행동한다고 생각하는 것도 포함된다. 아이와 지나친 대립이 발생했을 때는 아이가 무턱대고 고집을 피우는 것인지 부모의 요구를 들어줄 만한 능력이 부족한 것인지 따져볼 필요가 있다. 예를 들어 아이가 숙제를 빨리 하지 않는다고 치자. 부모의 말을 무시하고 편하게 지내려는 고집 때문에 그럴 수도 있지만 주의 산만 등으로 빨리 해내지 못하기 때문일 수도 있다. 초심으로 돌아가 차분히 생각해보면 엉킨 실타래를 풀기가 쉽다.

여섯 번째, 분위기 파악의 기술이다. 아무리 중요한 토론을 할

게 있다 해도 아이가 배가 고픈 상태이거나 아프거나 화가 많이 나 있거나 피곤해하거나 혼자 있고 싶어 할 때는 다음으로 미루는 것이 옳다. 토론의 내용만큼이나 중요한 것이 적시 토론이다.

일곱 번째, 시선의 기술이다. 엄한 표정으로 눈을 내리깐 채 얘기를 하는 것은 토론이 아니라 압박조사이다. 아이가 나를 보든 말든 우리는 아이의 눈을 계속 보고 있어야 하며 간혹 너무 감정이 올라와서 아이를 쳐다보기 싫을 때라도 얼굴은 아이 쪽으로 향해 있어야 한다. 아이의 눈을 보기가 부담스럽다면 양 눈 사이의 미간을 보거나 코를 보아도 좋다. 시선을 다른 곳에 두고 대화를 하는 것은 안 하느니만 못하다.

여덟 번째, 포커페이스의 기술이다. 청소년과 대화를 할 때는 입이 쩍 벌어질 때가 꽤 있다. 너무 무식하거나 너무 논리가 없거나 너무 철이 없거나 너무 자기중심적인 등, 일명 '너무' 시리즈에 직면하게 된다. 그럴 때마다 놀랄 수는 없으니 포커페이스를 준비해두는 게 좋다. 애들이 무슨 질문을 하고 무슨 답변을 내놓아도 '너는 그렇게 생각하는구나, 그런데 엄마는 생각이 좀 다른 걸'이라는 기본 입장만 튼튼하게 갖고 있으면 당황할 일이 줄어든다. 간혹 이 '너무'에는 앞의 내용과 반대 방향의 내용이 포함되기도 한다. 생각보다 너무 똑똑하고 너무 타인 배려적이며 너무 범세계적이고 너무 우주적일 때가 있다. 이럴 때는 역으로 부모가 몰리기도 하는데 이때도 포커페이스로 담담하게 헤쳐나가면 된다. 아이의 질문에 언제나 완벽하게 답해줄 필요는 없다. 모르면 잘 이해가 안 된다고, 엄마가 좀 더 알아보겠다고 솔직히 말하면 된다. 아이의 판단이나 행동의 오류는 꼭 부모가 아니라도, 꼭 그날이 아니라도, 친구나 교사를 통해 얼마든지 고칠 수 있다. 중요한 것은 아이가 어떤 고민이든 털어놓을 수 있는 사람이 세상에 최소한 한 명은 있다고 생각하게 해주는 것이다.

## 토론 중 감정이 올라올 때 대처하는 법

마음먹고 토론을 하긴 했는데 도저히 아이의 태도가 수용이 안 될 때가 있다. 토론은 계속해야겠는데 감정이 발목을 잡는다. 이때 도움이 되는 몇 가지 기법을 소개한다.

### '그랬구나' 기법

예전에 텔레비전 예능 프로그램에 〈당연하지〉라는 게임 코너가 있었다. 상대방이 아무리 약을 올리는 발언을 해도 일단 "당연하지, 그랬구나" 하고 받아주고 대응해야 한다. 너무 화가 나서 "그랬구나"를 못하고 상대방에게 덤벼드는 즉시 게임에서 진다. 사춘기 아이와 대화를 할 때는 이 '그랬구나' 게임 한판 한다고 생각하자. 무슨 말을 해도 일단 그러냐고 받아주기만 한다. 물론 형식적으로 하면 안 되며 우리와 다른 클래스의 종족으로부터 하나 배워본다는 뉘앙스의 "그랬구나"를 해야 한다. 사실 애들과 얘기를 하다 보면 세상에 대한 시각이 넓어진다. 논리 제로인 말을 지껄이는 아이를 일단 받아주려니 나의 뇌 피질이 더욱 구불구불해지는 느낌이다. 뇌가 많이 구부러져 있을수록 지능이 높고 치매에도 걸리지 않으니 청소년은 우리의 이마 주름을 늘게 할지는 모르지만 치매의 천연 예방자들이기도 하다. 사춘기 자녀와 주말에 말 좀 나누고 월요일에 출근하면 직원들이 얼마나 훌륭해 보이는지! 어쩜 저렇게 내 말을 다 알아듣고 즉각적으로 움직이는지 놀랍다. 물론 이 착시 효과는 다음 날 바로 없어지긴 하지만 말이다.

## 탁구 치기 기법

아이와 얘기를 할 때는 탁구를 치듯이 해보자. 탁구를 칠 때 처음에는 신중하게 공을 주고받지만 어느 정도 시간이 지나면 거의 무념무상의 상태가 되어 똑, 똑, 똑, 똑, 공이 매트에 닿는 소리만 들린다. 아이와 대화를 할 때도 탁구공을 치듯이 악감정 없이 받아쳐라. 탁구 치기 기법의 예를 살펴보자. 괄호 안은 평소 엄마의 말이다.

"엄마, 내 안경 못 봤어?"

"못 봤어." (으이구, 또 시작이다, 맨날 덤벙대기는.)

"엄마, 그러지 말고 빨리 찾아줘, 나 시간 없어."

"응, 5분 후에." (나도 시간 없다, 밥 하는 거 안 보여? 너는 손이 없냐, 발이 없냐.)

"엄마, 급하다니까."

"여기 있네." (이게 안 보이냐, 눈은 뒀다 어디에 쓰냐. 그렇게 좀 물건을 항상 제자리에 두라고 몇 번을 말했냐? 귀가 먹었냐?)


앞의 대화 예문을 다시 보자. 듣는 사람의 기분이 나빠지는 것은 붉은색으로 쓰인 말을 할 때가 아니라 괄호 안의 말을 할 때이다. 그러니 괄호 안의 말을 자제하기만 해도 자신의 감정적 소모부터 확연하게 줄일 수 있다. 신기하게도, 애들은 붉은색의 로봇체 말을 더 세련되게 받아들이니 천상의 막귀들이다. 다만, 괄호 안의 말을 너무 참다 보면 우리도 스트레스가 쌓이니 속으로 뱉든, 아이가 없을 때 인형을 쥐어박으면서 소리 내어 뱉든, 배출통로 하나쯤은 마련해두자.

### '99번 더 말해줄게' 기법
충분한 대화를 통해 아이도 자신의 행동에 문제가 있었음을 시인하고 다시는 안 하겠다고 했는데도 행동에 변화가 없을 때가 있다. '그렇게까지 말했는데도 얘가 부모를 무시해?'라고 화가 나겠지만 잠시 숨을 고르자. 일부러 그러는 게 아니라 뇌의 과부하 상태로 실행까지는 한계가 있어서 그런 것이다. 이런 경우에 효과적인 대응법이 있다. "그때 너도 잘못했다고 말했고 고치겠다고 했는데 안 되는 것을 보니 잊어버렸나 봐? 네가 잊지 않고 고칠 때까지 엄마가 99번을 더 말할 거야. 짜증난다고 눈을 치켜뜨고 소리 지르지 않겠다고 지난번에 약속했지? 방금 또 말했으니 이제 98번 남았다." 신기하게도 이후 한두 번 만에 고쳐진다. 유의해야 할 점은 앵무새처럼 99번을 말해주는 것이 아니라 이미 몇 번 말했다는 경고를 진지하게 해주어야 한다는 것이다. 또한 너무 짧은 시간 내에 여러 번 말하지 말고 최소한 1~2주 정도의 간격을 두고 말해야 한다.

토론을 통해 자신의 잘못을 시인했다면 그다음에 못 고치는 건 의도적으로 안 고치는 것이 아니라 다른 이유 때문이다. 더 신경 쓸 일이 생겼다든지, 예전의 습관이 자기도 모르게 나온다든지, 정말 잊어버려서 그렇다. 즉, 아이의 진심이 바뀐 것은 아니다. 그런데도 부모가 아이의 행동만 보고 야단을 친다면 애당초 갖고 있던 진심마저도 던져버린다. 사춘기 아이들은 조금만 수틀리면 앞뒤 보지 않고 엎어버리기 때문에 고가의 기계를 다루듯이 섬세하게 다가가야 한다.

자녀와 얘기를 해본 부모들은 다 알겠지만 토론을 한다고 해서 아이가 자신의 잘못을 언제나 시인하지는 않는다. 그래서 토론이 어려운 것이다. 하지만 계속 얘기하면 언젠가는 부모의 마음을 알아준다. 하물며 자신의 잘못을 시인했다면 큰 고비를 넘긴 것이다. 다만, 그다음 실천을 하는 부분에서는 또 한 번 기다려주어야 한다는 것을 모르는 부모가 많다. 제가 시인했으니 실천하겠지, 하는 식으로 일순간에 변화되는 것이 아니다. 어른도 어렵지 않은가. 아이들은 부모를 눈치 봐야 하는 사장님으로 보지 않는다. 따라서 단박에 고쳐지지 않는다. 하지만 반항을 하면서도 부모를 여전히 자신들이 기댈 벽으로 생각한다. 그래서 최대한 그 벽에 기대어 꾸물대고 게으름을 피워보는 것이다. 아이들은 겉으로는 부모를 무시하지만 속으로는 여전히 의존한다. 그때는 부모의 말을 흘려버리는 것 같지만 마음에 넣어두고 언젠가 그 말을 기억해낸다.

### 질문으로 바꿔 듣기 기법

토론을 시작한 지 5분도 되지 않아 아이는 더 이상 부모 말을 귀담아듣지 않고 일방적인 단정을 내릴 때가 많다. "싫어, 그렇게 안 할 거야." "아니, 내 맘대로 옷 살 건데?" "내가 알아서 할 거니까 엄마는 신경 꺼." 자식으로부터 이런 말을 들으면 어느 부모라도 기운이 빠지고 더 이상 얘기를 하고 싶지 않다. 이럴 때는 아이의 단정을 질문으로 바꿔 들어보자. 아이는 사실 이렇게 질문하고 있는 것이다. "싫어, 그렇게 안 할 건데. (엄마 생각은 어때?)" "아니, 내 맘대로 옷 살 건데. (그래도 되지?)" 즉, 아이는 단정을 짓는 한편으로는 부모의 의견을 궁금해한다. 어려운 결정일수록 더 그렇다. 따라서 부모는 아이의 단정적인 태도에 빈정 상하지 말고 다음과 같이 간결하면서도 차분하게 말해주면 된다. "음… 네가 원하면 그렇게 해. 그런데 이런 문제가 있다는 것은 생각해봤겠지?" "음… 네 맘대로 살 거면 할 수 없지. 그러면 네 돈으로 사는 거지? 엄마 나간다." 툭 던지는 한마디이지만 애들은 그 말을 받아 최종적인 결정을 내리는 데 한 번 더 고려한다. 때로, 아이가 질문하는 것조차도 기분이 나쁘다는 부모들에게 영화 한 편을 소개하고 싶다. 90회 아카데미 시상식을 포함하여 유수의 영화 시상식에서 여우주연상을 싹쓸이한 〈쓰리 빌보드〉라는 영화이다. 미국의 작은 마을에 사는 밀드레드는 자신의 딸이 살해된 지 한참이 지났는데도 범인이 잡히지 않자 마을 외곽 대형 광고판에 도발적인 세 줄의 광고를 게시한다. "내 딸이 죽었다." "아직도 범인을 못 잡은 거야?" "어떻게 그럴 수가 있지, 경찰 서장?" 광고로 인해 동네가 시끄러워지자 경찰들은 분노하며 밀드레드를 명예훼손으로 고발하자고 하는데 한 경찰이 이렇게 말한다. "질문은 명예훼손이 아니야." 맞는 말이다. 질문은 다음 대화를 하고 싶은, 해결책을 얻고 싶은 절실한 마음의 표시이다. 아이가 질문이라도 하면 정말 고마운 것이다.

## 토론의 부차적인 이득

사춘기 자녀와의 좋은 관계를 위해 토론을 하자고 했지만 사실 토론으로 얻을 수 있는 유익함은 셀 수 없을 정도이다. '부차적 이득'이라는 제목을 쓰긴 했지만 오히려 이 효과 때문에라도 토론을 해야 할 판이다.

토론은 말을 주고받는 것이니 당연히 언어력이 향상된다. 자신의 생각을 정리하고 표현해야 하니 사고력도 발달된다. 형제간이나 학교 친구들과 같이 토론을 하게 된다면 타인의 얘기에 경청하고 공감하며 상대방을 배려하는 능력을 키우게 되어 인성과 도덕성도 훌륭하게 발달된다. 부모의 일방적인 지시만을 따르는 것이 아니라 스스로 생각하고 행동하게 되므로 요즘 핫한 '자기주도' 학습능력도 덩달아 계발할 수 있다. 많은 토론전문가들이 토론할 줄 아는 아이가 인재가 된다고 주장하는 것이 전혀 빈말이 아닌 것이다.

토론의 유익함은 이러한 실용적 가치에서만 끝나지 않으며 정신적 충격이나 감정적 혼란을 해결해주기도 한다. 대니얼 J. 시겔은 《내 아이를 위한 브레인 코칭》에서 예전에 양육에 대한 강좌를 들었던 한 어머니가 교통사고 후 큰 충격을 받은 아이를 대화를 통해 치료하는 과정을 소개한다. 이 아이는 베이비시터가 운전 도중에 발작을 일으켜 차 사고를 당했다. 일부 내용을 들여다보자.

"그래, 너랑 소피아 누나가 사고를 당했어, 그렇지?"라고 말하면, 마르코는 팔을 쭉 펴고 떨면서 소피아가 발작을 일으키던 모습을 흉내 냈다. 그러면 마리아나는 "그래, 소피아 누나가 발작을 일으켜서 떨기 시작했고, 차가 쾅 부딪혔어, 그렇지?" … 이어 마르코가 예의 "아 아 우 우"라는 말을 하면, 마리아나는 이렇게 대답했다. "맞아. '우 우'가 와서 소피아 누나를 의사 선생님에게 데려갔어." … 그 사건을 반복해서 말하게 함으로써, 마리아나는 마르코가 자신에게 무슨 일이 일어났었는지 이해하고 그 일에 대한 감정을 처리하도록 도와준 셈이다. … 그녀는 마르코가 … 일상으로 돌아올 수 있도록 도와주었다.

_《내 아이를 위한 브레인 코칭》, 대니얼 J. 시겔, 티나 페인 브라이슨, 알에이치코리아, 2012

다른 사람이 상담했던 내용을 글로 읽어보면 '애걔? 이 정도는 나도 할 수 있겠네'라는 생각이 꽤 들 것이다. 하지만 본인이 막상 그 현장에 있다면 결코 '애개'가 아니라는 것도 알게 될 것이다. 그러나, 지금까지 이 책의 내용을 따라오신 부모라면 위의 기적 같은 결과까지는 아니라도 토론을 통해 적어도 아이의 나쁜 감정을 바꿔줄 수 있다는 것에 대해서는 '에헴' 하면서 어느 정도 자신을 가져도 좋다. 앞 사례의 어머니가 했듯이, 아이에게 특별한 판단이나 해결책을 제시하지 않더라도 부드러운 음성으로 대화를 나누며 사실을 직시하게 해주는 것만으로도 그것이 가능하다. 나쁜 감정만 해소되면 아이는 오뚝이처럼 벌떡 일어난다. 이런 모습은 확실히 어른들이 갖지 못한 아이들만의 화끈한 매력이다. 앞에서 말했던 토론의 유익한 점 그 어떤 것보다도 이 유익함은 부모에게 마치 명의라도 된 듯한, 가슴이 벅차오르는 보람을 느끼게 한다. 삭막한 세상에서 나의 말 한마디로 아이의 꺼진 마음에 촛불을 다시 켜게 할 수 있다. 고작 하루에 10분 정도로 말이다. 오늘 우리는 아이의 마음에 어떤 색깔의 촛불을 켤까? 이런 생각을 하는 것만으로도 우리는 힘들고 지친 와중에도 아이를 위한 10분을 마련하여 귀가할 수 있다.

## 우리 아이는 토론을 싫어하는데요

부모는 토론할 준비가 되었는데 아이가 자기 의견을 말하기 싫어한다고 걱정이라는 부모들이 있다. 말을 하고자 하는 것은 인간의 기본적인 욕구이다. 어떤 이유로 인해 사람들 앞에서 말하기를 꺼려 하게 될 수는 있는데, 그 이유가 없어지거나 말하기의 기쁨을 알게 되면 누구라도 마음을 열고 활발하게 말할 수 있다. 교복 수선의 필요성을 장황하게 주장했던 내 딸도 원래부터 말을 잘하는 아이는 아니었다. 유치원 참관수업에 가면 다른 아이들 다 하는 노래 한마디도 앞에 나와 못할 정도로 낯가림이 심한 아이였다. 중학교 1학년 때로 기억하는데, 하루는 약간 상기된, 즐거운 얼굴로 학교에서 있었던 일을 얘기했다. 그날 토론 수업이 있었고 수업의 주제는 '나당연합군의 삼국통일이 정당한가?' 였다고 한다. 대부분의 아이들은 신라가 외국의 힘을 빌려 통일한 것을 비난하는 입장이었기에 자신의 의사와 다르게 신라를 지지하는 발언을 담당해야 했던 아이들은 좋은 생각이 나지 않아 선생님을 원망하기도 했다고 한다. 그런데 한 아이가 "우리 반 애들이 나만 왕따시킨 채 자기들끼리만 논다면(고구려와 백제의 관계를 비유), 나도 할 수 없이 옆 반 애들을 데리고 올 수밖에 없다고요"라고 말해서 모든 아이들이 박수를 치고 소리 지르며 난리가 났다고 한다. 내 딸은 그 애가 평소에는 존재감이 없는 애였는데 그 말 하나로 다르게 보이기 시작했다며, 그렇게 재미있게 말하는 아이인 줄 몰랐다고 했다. 아이의 얼굴이 상기된 이유가 그

남학생에 대한 호감 때문인지 토론의 즐거움 때문인지는 확실치 않았지만 어쨌든 이 수업 이후로 내 딸은 서서히 자기주장을 해보는 쪽으로 바뀌어갔다. 마치 뒤늦게 고기 맛을 알기라도 한 것처럼 토론 수업이 있으면 늘 열정적으로 준비했다.

첫 토론을 얼마나 즐겁게 접하느냐가 중요하다. 이를 위해 부모와 교사의 지도가 필요하다. 토론을 좋아하든 안 하든 아이들은 자기가 직접 연루되는 영역에서는 어른들 못지않게 자기주장을 할 수 있다. 그러니 너무 걱정할 필요가 없다. 인터넷 댓글만 보더라도 우리나라 청소년들은 절대 말을 못하는 편이 아니다. 오히려 너무 잘해서 문제이다. 댓글을 단 후 자신의 의견이 무시되면 몇 년 전 자료까지 뒤져서라도 계속 주장을 한다. 그 열정의 방향을 제대로 잡아주기만 한다면 아주 창의적이고 맛깔스러운 토론이 이루어질 것이라고 생각한다.

간혹, 토론을 싫어하기보다는 갈등을 싫어하는 성향 때문에 토론을 꺼려 하는 경우가 있다. 사람들과 부딪치는 게 싫어 서둘러 갈등을 봉합하려는 것이다. 어른들 중에도 비판이나 지적을 비난으로 받아들이는 사람들이 있다. 토론하는 것은 절대로 상대방을 비난하는 게 아니라 오히려 서로 존중하며 최대의 합의를 끌어내려는 것임을 첫 번째 토론 주제로 삼아 아이와 대화하면 좋겠다.

## 토론을 해도 금방 효과가 나타나지 않아요

모처럼 부모가 마음먹고 토론을 하고자 했는데 아이가 시큰둥하거나 부모의 의견을 무시한다면? 부모의 대화 방법에 문제가 없다면 기다림이 답이다. 올해 안 되면 내년에, 내년에 안 되면 후년에 하면 된다. 열 살부터 잡아도 10년의 시간이 있다. 그 10년 동안 부모가 나이 드는 것은 되돌릴 수 없지만 아이의 태도는 얼마든지 변화시킬 수 있다.

학부모 강연을 하러 간 중학교에서 알게 된 선생님이 한 분 계시다. 남편이 자기 일에만 신경 쓸 뿐 생활비도 주지 않고 가사, 양육, 가족 관계를 등한시하여 이혼을 결심했지만 합의를 해주지 않아 재판이혼을 생각했다. 다만, 하나밖에 없는 아들이 상처받을까 염려되어 이혼 소송을 본격적으로 준비하지 못하고 있었다. 아이가 평소에는 순한데 이혼 얘기만 나오면 금방 흥분해서 차분하게 얘기하기 어려웠기 때문이다. 아이가 5학년 때부터 매년 한두 번씩 이혼에 대해 넌지시 얘기하곤 했는데 어릴 때는 불같이 화를 내며 "엄마 아빠가 이혼하면 죽어버릴 것"이라고 울고불고 좀 커서는 "엄마가 좀 참으면 되잖아. 아빠는 좋은 사람인데 왜 엄마는 아빠를 자꾸 미워해? 나도 학교에서 힘들지만 참고 사는데 왜 엄마는 못 참아?" 하며 짜증을 내기 일쑤였다. 할 수 없이 이 선생님은 남편과 각방을 쓰면서 형식적인 결혼생활을 이

어왔는데 아이가 고등학생이 되자 수능 준비하는 데 나쁜 영향을 줄까 봐 이혼을 언급하는 것이 더욱 어려워졌다. 그런데 아이가 고등학교 3학년을 앞둔 겨울방학 중 어느 토요일 아침에 엄마와 밥을 먹다가 말을 꺼내더란다.

"엄마, 그저께 영식이랑 싸웠어."

선생님은 놀라서 물었다고 한다.

"영식이랑? 늘 베프라고 하더니… 왜 싸웠어?"

"그날 영식이가 학교 프린트물 빌린다고 잠깐 우리 집에 왔거든. 집을 둘러보더니 '엄마, 아빠가 방을 따로 쓰네, 서로 사랑하지 않는구나'라고 말해서 내가 걔 멱살을 잡았어."

다행히 주먹싸움까지 가지는 않았고 영식이도 순간적으로 아들의 멱살을 잡았지만 이내 손을 풀고 그냥 가버렸다고 한다. 선생님은 갑자기 너무 많은 감정에 사로잡혀 아무 말도 못하고 있었는데 아이가 바로 물었다고 한다.

"엄마, 아빠를 사랑하지 않아?"

"음… 사랑했지. 하지만 언젠가부터 마음이 많이 어긋나기 시작했어. 지금은 같이 살기가 힘들 정도로. 실망할 거야? 엄마가 아빠를 사랑하지 않는다면?"

"아니야, 나도 영식이랑 싸웠잖아. 처음엔 무지 힘들었는데 아무리 좋은 친구라도 마음이 안 맞을 때가 있는 것 같아. 엄마도 아빠랑 그럴 수 있다고 생각해."

그리고 잠시 뜸을 들이더니 이렇게 말했다고 한다.

"엄마가 힘들면 이혼해. 난 이제 괜찮아."

선생님은 놀라서 잠시 아무 말도 할 수 없었다고 한다.

"정말이야? 정말 엄마 아빠가 이혼해도 되겠어?"

"언젠가부터 아빠가 좀 이상하다는 생각이 들었어. 나한테는 잘해주시는데 엄마나 다른 가족한테 하는 걸 보면 학교에서 위선 떠는 어떤 선생님 같기도 하고… 그래서 엄마가 힘들겠구나 하고 생각했어."

선생님은 아이가 자신의 마음을 알아주는 게 고맙기도 하고 미안하기도 해서 어쩔 줄 모르고 있다가 "그래, 엄마 마음 이해해주어서 고맙다. 그런데 이제 고3 되는데 엄마 아빠가 이혼하면 심란해져서 공부하기 힘들잖아. 여태껏 참고 살아왔는데 1년 더 참을게"라고 말했다고 한다. 그런데 아들이 "괜찮아. 어차피 아침 일찍 나가서 12시에 들어오는데 집안일에 신경도 못 써. 엄마가 나 얼마나 사랑하는지 다 알고 있고, 아빠는 원래부터 얼굴 보기 힘들었잖아. 이혼한다고 크게 달라질 것도 없으니까 내 걱정은 하지 마"라고 말하는 바람에 왈칵 눈물이 차올랐다고 한다. 우는 엄마를 물끄러미 보던 아들은 엄마 어깨를 살짝 안으며 이렇게 말했단다. "이혼하면 엄마랑 살게. 이제 고3인데 밥은 제대로 먹어야 하지 않겠어? 아빠는 한 번도 밥을 해준 적이 없으니 허락하실 거야. 대학생 되면 아빠한테 가끔씩 가서 자고 오든지. 아빠도 좀 외로울 수 있잖아. 설마 다른 자식이 있는 것은 아니겠지?"

불과 1~2년 전까지만 해도 대화 자체가 안 되었던 아이가 어른도 못 해줄 위로를 해줄 정도로 환골탈태하는 사례를 나는 상담실에서 굉장히 많이 본다. 아이를 키울 때처럼 시간이 마법사라는 것을 절실히 느낄 때가 없다. 포기하지 않고 계속 문을 두드리면 얼마 후 아이는 반드시 문을 열어준다. 어드벤처 영화를 보면 감옥에 갇힌 주인공이 간수로부터 열쇠 꾸러미를 빼앗아 문을 열 때 항상 마지막 열쇠를 넣어야 문이 열린다. 뒤에서 적은 쫓아오지, 문은 안 열리지, 잡힐락 말락 하는 아슬아슬한 순간에 마지막 열쇠로 문이 열리는 순간 관객은 카타르시스를 느낀다. 아이는 늘 마지막 열쇠로 열리더라는 것이 청소년 상담을 하면서 얻은 결론이다. 마지막 열쇠라 함은 그전에 수도 없이 많은 열쇠가 있었다는 의미이다. 첫 열쇠는 당연하고, 열 번째 열쇠로도 아이의 마음이 열리지 않더라도 오늘도 안 됐네, 내일은 되겠지 하면서 계속 시도해보자. 어느 날 홀연히 열린 문 앞에서는 코흘리개 떼쟁이가 아닌, 한 아름다운 청년이 모든 것을 이해한다는 눈빛으로 나를 쳐다봐준다. 그 눈빛 한 번을 받기 위한 부모의 인고의 시간은 결코 헛되지 않다.


## 토론 후에 오히려 상실감이 느껴져요

아이와 잘 지내보려고, 궁극적으로는 행복해지려고 이런 책도 읽고 토론도 시도했는데 아이가 어찌나 정떨어지게 하는지 손에서 모든 에너지가 빠져나가는 날이 분명히 있다. 《아이와 협상하라》의 저자이자 프랑스 경찰특공대에서 수년간 일을 해온 전문협상가인 로랑 콩발베르의 말을 들어보자.

> 나는 지난 15년 동안, 세상에서 가장 힘들고 가장 위험한 사건의 협상을 준비하고 진행하는 일을 해왔다. 정체를 드러내지 않은 채 부탄가스를 들고 아파트를 폭파시키겠다고 위협하는 미치광이도 상대해봤고, 인질을 석방시키기 위해서 과라니 숲 한복판으로 들어가 반군과 협상을 해본 적도 있다. … 하지만 만일 누군가가 나에게 지금까지 나의 경력을 통틀어서 가장 다루기 힘들었던 위험한 협상 상대가 누구냐고 묻는다면 단언컨대, 나는 내 핏줄이라고 대답할 것이다. … 그들은 언제든지 새로운 전략을 시도할 준비가 되어 있으며, 나의 스트레스 관리 능력과 자제력을 끊임없이 시험하고… 나를 질투의 화신으로, 때론 무지몽매한 못난이로 변신시키는 뛰어난 창의력을 소

유하고 있다. 나를 아빠라고 부르면서…. … 남미의 반군들도 잠들 시간에는 협상을 멈춘다. 그들도 피곤하기 때문이다. 그리고 이미 얻은 것 외에 더 이상 얻을 것이 없다는 것을 알게 되면, 그들도 어렵지 않게 합의를 하게 된다. 하지만 아이들은 절대로 멈추지 않는다. … 아이들과의 협상에서 이길 수 있다면, 우리는 어떤 미치광이나 테러리스트, 악덕 기업가와도 협상할 수 있을 것이다.

_《아이와 협상하라》, 로랑 콩발베르, 나너우리, 2014

어떤가? 나는 그의 글을 읽고 내 아이들을 대할 때나 직장에서 청소년을 상담할 때 상실감이나 초조감이 급격하게 줄었다.

미치도록 상실감이 느껴질 때일수록 아이가 그동안 느껴왔을 상실감도 한번 생각해보자. '오죽하면 저렇게 정떨어지는 행동을 하게 되었을까' 하고 말이다. 아이가 중학생이 되었는데도 너무 말을 안 듣고 제대로 하는 것이 없다고 상담실에 오는 부모와 차분하게 아이의 행적을 더듬어보면, 이미 오래전부터, 빠르면 기저귀 뗐을 때부터, 늦으면 유치원 때부터 이미 부모와의 사이에 문제가 있어온 경우가 대부분이다. 부모는 대부분 강압적이고 일방적인 훈계만으로 아이를 지도했으며 그 결과 자존감이 낮아진 아이들은 이미 유치원 때부터 반항을 포함한 많은 문제 행동을 보여왔다. 유치원에서 문제 행동을 보였다면 초등학교에서도 그릴 수밖에 없고 중학교에서도 그럴 수밖에 없다. 어느 날 중학생이 되었다는 이유만으로 갑자기 바람직한 모습을 보일 수는 없는 것이다. 상실감이 느껴질수록, 일단 내 아이는 그렇게 자랐다고 인정하자. 그리고 앞으로 나아질 것이며 그렇게 되도록 노력하겠다는 마음을 갖자. 부모와 아이가 정신없이 살아왔더라도 어쨌든 아이가 사춘기가 되었다면 오히려 다행인 점이 있다. 아이의 뇌가 재구조화되고 있어서 세트 포인트를 재설정할 수 있다는 것이다. 설사 그동안 상당히 가혹하게 대했더라도 지금부터 친절하게 대해주면 아이는 예전의 부모의 모습을 다 용서한다. 대한민국의 부모들은 대부분 반대의 모습을 보이기 때문에 사춘기 아이들과 지내기가 힘든 것이다. 어릴 때는 그렇게 상냥하게 대해주더니 지금은 조금만 잘못해도 잡아먹을 듯이 몰아세우니 안 그래도 사춘기 때 망각의 늪에 한 번씩 빠지는 아이들이 과거의 은총을 다 잊어버리고 지금의 '나쁜' 부모만 기억하는 것이다.

그렇다고 너무 자책하거나 후회하지도 말자. 또한 너무 높은 목표를 세우지도 말자. 완벽한 부모는 될 수도 없고 생각도 하지 말자. 심리학자 도날드 위니콧이 썼던 용어인 '충분히 좋은 부모'면 충분하다. 어쩌면 그동안 많은 실수를 했을 수도 있겠지만, 오늘부터 아이와 토론을 해보겠다는 것만으로도 우리는 이미 충분히 좋은 부모이다.

## 한 번의 토론으로 인생을 바꿀 수도 있다

중학교 교장선생님으로 부임하신 옛 은사님이 어느 날 전화를 하셨다. 다른 학교에서 전학 온 3학년 남학생이 있는데 툭 하면 학교에 안 온다는 것이다. 부모의 협박으로 겨우 학교에 와도 교실에 들어오지 않고 운동장이나 빈 교실을 떠돌며 계단 아래나 쓰레기장 입구에서 찾은 적도 있다고 한다. 교실에 안 들어오고 학교에만 있어도 다른 곳에서 나쁜 짓은 안 할 테니 그나마 안심이었지만, 질병, 병원 내원, 상담, 외부교육, 체험학습 등 정상결석으로 인정되는 온갖 사유를 갖다 붙여도 졸업에 필요한 출석일수가 절대적으로 부족해 졸업 자체가 위태로울 지경이라는 것이다. 이 때문에 예전 학교에서도 전학시킨 것이었다. 담임선생님은 말할 것도 없고 학년부장선생님, 상담선생님, 교감선생님, 교장선생님 등 전 교사가 이 학생과 대화하려 하지만 고개를 푹숙인 채 전혀 말을 안 하니 눈조차 마주치기 힘들더란 것이다. 말을 아예 못하는 것인지, 지능이 낮은 것인지 온갖 억측만 난무하고 있다고 한다. 부모에게 외부 심리상담을 권유해도 어머니는 우울증에 아버지는 알코올중독이어서 아이에게 신경 쓸 여력이 없다고 한다. 심지어 아이가 학교를 빠진 것을 알면 아버지가 폭력을 휘둘러 아예 보고를 못 할 때도 많으며 그나마 아이가 학교에라도 들어오는 것은 아버지를 아직 무서워하기 때문이라고 한다. 교장선생님은 이렇게 덧붙이셨다. "이 박사 바쁜 거 다 알아. 거리도 너무 멀고. 딱 두 번만 와주면 안 될까? 우리는 이 학생을 도와줄 준비가 완벽하게 되어 있어. 아무것도 바라지 않아. 그냥 졸업만 할 수 있도록, 그러려면 수업을 들었다는 인증이 되어야 하니 교실에만 들어오도록, 들어왔다 나가도 좋으니 일단 들어오게만 도와주면 안 될까? 중학교 졸업장도 없으면 이 아이가 앞으로 무얼 할 수 있겠어? 게다가, 혼자 돌아다니다가 사고라도 나면 또 얼마나 후회가 되겠고? 말썽을 피우더라도 우리 보는 데서 피우는 게 백번 낫지."

참으로 존경스럽고 지당하신 말씀이셨기에 거절은 생각도 할 수 없었다. 하지만 그 학생을 만나러 가는 발걸음은 천길만길 무겁기만 했다. 심리상담도 말을 해야 되는 것인데 고개를 숙인 채 말 한마디 안 한다니, 무슨 수로 얘기를 나눈단 말인가? 어쨌든 학교 상담실에 들어섰고 상담실 선생님은 내 마음의 짐을 덜어주고 싶었는지 "그래도 유찬(가명)이가 오늘은 1시간 전부터 상담실에서 박사님을 기다리고 있었어요"라고 말하셨다. 순간 약간의 희망이 생겼다. 아이가 SOS를 친다는 생각이 들었다. 하지만 막상 유찬이와 마주 앉자 듣던 대로 고개만 푹 숙이고 있었다. 인사를 해도 이름을 물어도 아무 답이 없었다. 잠시 침묵이 흐른 뒤 찬찬히 살펴보니 연한 갈색으로 염색한 머리며 새끼손가락에

낀 반지, 작은 검은색 이어링, 세련된 운동화를 착용하고 있어서 패션에 관심이 많은 아이라는 걸 알 수 있었다. "머리 색깔이 아주 멋지네. 얼굴도 아주 잘생겼을 것 같은데 볼 수가 없구나." 묵묵부답. "그래, 날 만나줘서 고맙다. 친구들은 다 교실에 있고 혼자 노는 것도 하루 이틀이지, 지겹지?" 어깨를 한 번 들썩였다. "사람들하고 말하는 게 부담스러울 수 있어. 그런 사람 많아. 하지만 네가 얘기를 해야 선생님이 도와줄 수 있으니까 정 말하기 싫으면 선생님이 질문할 테니 종이에 예, 아니오로 적거나 네 생각을 써줄 수 있겠니?" 고개를 끄덕였다. 그렇게 나는 묻고 유찬이는 종이에 쓰면서 대화를 이어갔는데 천만다행히도 이 방법이 들어맞아 예상했던 것보다 많은 얘기를 접할 수 있었다. 말을 못하는 아이도, 지능이 낮은 아이도 아니었다. 매일 술 마시고 때리는 아버지가 무섭고 화가 난다, 밥도 제대로 안 해주고 용돈도 안 주는 엄마가 밉다, 학교에 왜 와야 하는지 모르겠다 등등의 얘기를 했고, 일찌감치 집을 나간 나이 차 많이 나는 누나가 1년에 두 번 정도 와서 용돈을 주면 그 돈으로 운동화도 사고 미용실도 간다는 얘기를 추가로 들었다. 자기도 누나처럼 독립하고 싶은데 중학생은 알바할 데도 없고 겁도 나서 아무것도 못하고 있지만 학교는 절대로 오고 싶지 않다, 올 필요가 없다 생각한다고 했다. 상담시간이 끝나가기에 나는 마지막으로 말했다. "나를 믿고 이런 얘기를 해주어서 정말 고마워. 그렇게 힘든데도 버텨준 것도 정말 대견하고 고맙고. 근데 유찬아, 너 패션 감각이 상당한데, 이 정도 유지하려면 돈이 필요하지 않니?" 유찬이는 처음으로 고개를 15도 정도 들고 모기만 한 목소리로 말을 했다. "네, 저 돈 필요해요." "그래, 사실 학교 오고 싶어 하는 애들이 몇이나 되겠니? 선생님도 엄청 학교 다니기 싫었어. 그런데 세상을 살려면 돈은 벌어야 한단 말이지. 자, 학교 다니는 건 나중에 얘기하고 네가 어른이 되었을 때 어떻게 돈을 벌지 생각해볼래? 1주일 동안 생각해서 다음 주에 얘기해줄 수 있겠어?" 아이는 고개를 끄덕였다. 그렇게 1차 고비는 넘겼지만 원래의 상담 목표였던 '교실에 들어가기'를 성공할 수 있을지 장담할 수는 없었다.

다음 주에도 유찬이는 아주 일찍 상담실에 와 있었다. 여전히 고개를 숙이고 있었지만 콧등이 보일 정도로 얼굴을 들고 있었고 필담이 아닌 정상적인 대화가 가능했다. 가끔씩은 1초라도 내 쪽을 쳐다보아 얘기를 나누기가 한결 수월했다. 나는 바로 본론으로 들어갔다.

"그래, 뭘로 돈 벌지 생각해봤니?"

"저는 가게 사장 할 거예요."

"가게? 음료수 같은 거 파는 데?"

"네."

"가게도 여러 종류가 있는데 편의점? 아니면 동네 구멍가게?"

"당연히 편의점이죠."

"왜? 편의점보다 구멍가게 차리기가 좀 더 쉬울걸? 돈도 좀 덜 들고."

"편의점은 깨끗하고 멋있잖아요. 저는 깨끗하고 시원한 데서 일하고 싶어요."

"오케이. 좋다. 너같이 잘생긴 사장님이 있으면 여학생들도 많이 올 거 같다. 꼭 그렇게 하자."

슬쩍 웃는 것 같았다. 확실치는 않았다.

"그런데 유찬아, 편의점을 하려면 뭐가 가장 필요한 줄 아니?"

유찬이는 잠시 생각하더니 말했다.

"돈이요?"

"돈도 필요하지. 가게를 얻을 돈이 있어야 하는데 그걸 밑천이라고 하지. 밑천이 있어야 하니까. 밑천이야 네가 열심히 일해서 벌면 돼. 잘할 거 같아. 그런데 돈보다 더 중요한 게 있어. 고등학교 졸업장이야."

"왜요? 돈만 있으면 되지 고등학교 졸업장이 왜 필요해요?"

"편의점은 인기가 많아서 하려는 사람들이 많아. 편의점 본사에서 많은 지원자들 중에 대리점 사장을 뽑을 때 고등학교도 안나온 사람을 뽑을까? 네가 본사 대표라면 어떨 것 같아?"

"고등학교 나온 사람을 뽑겠죠."

"그러니까. 그런데 재미있는 것은 어느 학교를 나왔는지는 안 봐. 그냥 졸업장에 고등학교 이름만 적혀 있으면 된다는 거지. 어쨌든 졸업했다는 것만 증명하면 되니까."

유찬이는 잠시 생각에 잠겼다.

"어때? 네가 정말 편의점 사장을 하고 싶다면 고등학교는 졸업해야 유리하지 않겠니?" 유찬이는 천천히 고개를 끄덕였다.

"그런데 유찬아, 고등학교를 들어가려면 뭐가 필요할 것 같니?"

유찬이는 한참 생각하더니 살짝 고개를 들고 복잡한 눈빛으로 말했다.

"중학교 졸업장이요?"

"빙고. 중학교 졸업장이 필요해. 그러니까 네가 중학교를 일단 졸업해야 하는 거야. 와, 너무 잘 맞히니까 선생님도 굉장히 신이 난다. 그러면 마지막 문제, 중학교를 졸업하려면 어떻게 해야 하는지 아니?"

"뭐 학교를 다녀야겠죠."

"또 빙고. 더 정확하게 말하면 교실에 들어가서 출석 체크를 해야 해. 출석 체크가 1년에 며칠 이상 되어야 졸업 자격이 되거든. 유찬아. 공부 안 해도 되니까 교실에만 들어가자."

유찬이는 잠시 가만히 있더니 말했다.

"교실에만 들어가는 거야 할 수 있죠. 하지만 수업받는 게 너무 힘들어서 가만히 앉아 있을 수가 없어요. 그러면 또 선생님이 혼내니까 들어가고 싶지 않아요."

"그 문제라면 교장선생님께서 최대한 봐주신다고 했어. 정 앉아 있기 힘들면 소설책을 봐도 돼. 만화책도 상관없어."

"저 같은 문제아를 봐준다고요? 교장선생님은 그렇게 한다 해도 다른 선생님들은 안 그럴걸요?"

"네가 문제아인 건 맞다. 학생인데 수업도 안 들어오고. 그런데 교장선생님은 네가 다른 아이 해코지 안 하고 그래도 학교 안에 있는 것에 대해 훌륭하다고 생각하고 아주 고마워하고 계셔. 그래서 최대한 너한테 맞춰주신다고 했고 선생님들한테도 확실히 말씀하셨대. 교무실에서는 교장선생님이 왕이잖아. 사실 예전에 이렇게 결정하셨는데 네가 계속 도망만 다니니까 전달을 못 하셨더라."

유찬이는 어깨를 한 번 들었다 내렸다. 나는 이어서 말했다.

"나도 네가 훌륭하다고 생각해. 학교 안에라도 있는 거, 아무나 하는 게 아니거든. 용기 있는 사람이나 할 수 있지. 그 용기, 한 번 더 내보자. 교실에 들어갔다가 정 힘들면 보건실에 있거나 오늘처럼 상담실에 와 있어도 돼. 교장선생님은 네가 매일 상담실에 와서 마음도 털어놓고 기초학습 지도도 받기를 원해서. 대학생 연결 프로그램이 있다더라. 벌써 3학년 6월이니까 곧 방학이고 몇 개월만 버티면 졸업하는 거야. 그다음에는 아무 고등학교, 네가 가고 싶은 학교에 가면 돼. 고등학생이 되면 알바를 할 수 있으니까 바로 돈을 벌 수 있잖아. 알바 구할 때도 그렇지, 중학교도 졸업하고 어느 학교 학생이라 해야 사장님이 받아주지 않겠어? 요즘 아르바이트 구하는 거 쉽지 않아. 어때?"

유찬이는 한참을 생각한 후 입을 뗐다.

"정말 수업 시간에 만화책 봐도 돼요?"

"그럼. 앉아만 있으면 된다고 선생님이 말씀하셨어. 반 아이들 중에 너 모르는 학생이 없으니 다들 이해할 거라고 말씀하셨어."

그다음, 유찬이는 놀라운 말을 했다.

"그래도 안 그래야죠. 저만 만화책 보면 다른 친구들이 얼마나 얄밉겠어요? 수업 때 선생님이 혼내지 않는다면 맨 뒷자리에서 조용히 이어폰 꽂고 음악 듣고 있어도 돼요? 수업은 정말 못 듣겠어요."

"되고말고. 훨씬 멋진 생각인걸. 자, 그럼, 오늘 오후부터 들어갈까, 내일부터 들어갈까?"

"오늘 당장은 부담스러워요. 내일부터 들어갈게요."

"정말이지? 약속하는 거지?"

"네."

"그럼, 내일부터 교실에 들어간다는 계약서 만들어서 네 사인,

선생님 사인 적고 교장선생님께 보여드려도 되겠니?"

"네."

"좋아, 정말 멋지다, 유찬아. 혹시라도 내일 아침에 교실 들어가기 어려우면? 담임선생님께 널 기다리라고 할까?"

"아니요. 예전에도 교실 몇 번 들어갔어요. 8시 전에 들어가서 책상에 얼굴 묻고 있으면 아무도 안 건드려요. 그건 별로 문제없어요. 수업을 듣는 게 너무 힘들어요."

그렇게 유찬이는 교실에 들어가겠다는 약속을 했고 자주 상담실에 와서 부모님에 대한 감정을 털어놓으라는 제안도 받아들였다. 내가 계약서를 갖고 내려오자마자 교장선생님은 "내일 아침에 또다시 배신(?)을 당할지언정 우리는 완벽하게 준비하겠다"시며 즉시 담임선생님과 교감선생님을 불러 전체 교사들의 협조를 명령하셨다. 나는 특히 담임선생님께 유찬이가 막상 학교에 오면 쑥스러워 친구들과 어울리지 못해 제자리로 돌아갈 수 있으니 자연스럽게 스며들 수 있도록 반 학생들과 회의를 해달라고 부탁드렸다. 마침 그날 오후에 학급자치 회의를 할 예정이라 그 시간에 이 문제를 다루겠다고 했다.

그다음은 간략하게 말하겠다. 유찬이는 다음 날 아침에 교실에 들어왔고 어제 학급회의에서 결의한 대로 친구들은 아침에는 모르는 척 있다가 점심 때 반장을 비롯한 몇몇 아이들이 유찬이를 싸안듯이 일으켜 세워 "밥 먹으러 가자"면서 자연스럽게 우르르 식당으로 끌고 갔다고 한다. 이후 유찬이는 수업에 열심히 임하지는 않았지만 선생님들과 친구들의 도움으로 무사히 졸업했고 고등학교에 진학해서 또 졸업했고 군대에 다녀와서 이 일 저 일 하면서 편의점 사장님의 목표를 향해 오늘도 열심히 살고 있다.

유찬이와의 상담 과정은 정식 토론식 대화는 아니었다. 상담 시간이 두 번밖에 안 되었고 하루라도 빨리 교실에 들여보내야 했기 때문에 일반적인 상담처럼 차분하게 진행할 수는 없었다. 그럼에도 학교 측과 유찬이가 원하는 것을 조율하여 문답식 대화를 한 것은 토론의 핵심적인 틀이었다. 유찬이는 일방적인 훈시나 권고로는 변화가 어렵다는 것을 알았기에 처음부터 모든 것을 내려놓고 아이의 마음을 읽어주며 스스로 결론을 도출하도록 하여 효과를 본 것이었다.

사실, 토론의 3단계 지침이었던 윈윈의 측면에서 보면 유찬이는 상당히 파격적인 혜택을 받은 셈이다. 수업에 들어오기만 하면 만화책을 봐도 상관없고 그것도 못 버티겠으면 상담실에 가 있으라고 했으니 말이다. 이 정도면 유찬이가 윈윈의 비율에서 거의 90퍼센트를 가져갔다고도 할 수 있다. 하지만 유찬이가 양보한 것이 10퍼센트밖에 안 된다고 말할 수도 없다. 유찬이는 교실에 한발 들이는 용기를 넘으로써 어떻게 보면 자기를 100퍼센트 던졌다. 교장선생님의 과감한 배려와 결단 덕분이었음은 말할 것도 없다. 한 번 고개를 넘자 그다음은 한결 수월해졌다. 그래서 고등학교도 졸업할 수 있었을 것이다. 나는 유찬이가 고등학교를 졸업한 것보다, 한 번만 극복하면 그다음은 훨씬 쉬워진다는 인생의 법칙을 알게 된 것이 무엇보다 기쁘다. 그의 재산목록 1호가 되지 않을까 생각한다.

이렇게 한 번의 토론으로 드라마틱한 효과를 보았던 경우는 나도 지금껏 두어 번밖에 안 된다. 어떻게 한 번의 토론으로 극적인 변화가 있겠는가? 그럼에도 여기서 소개하는 것은 토론의 절묘한 힘을 보여드리고 싶어서이다. 유찬이처럼 하루 만에 획기적인 변화가 이루어질 수는 없겠지만 어려움에 처한 아이들의 마음속에 희망의 씨앗, 혹은 변화의 의지를 심기에 토론은 다른 어떤 방법보다 탁월한 힘을 갖고 있다. 특히 사고력이 발달되는 청소년기에 큰 효과를 발휘한다. 토론은 아이를 하룻밤 만에라도 잭의 콩나무로 만들 수 있다. 모든 아이는 저절로 마법의 나무로 자라게 되어 있으며 부모와 교사는 최고의 자양분을 주기만 하면 된다. 유찬이는 수많은 교사들의 도움으로 나무의 싹이 땅 바로 밑에까지 이미 올라와 있었던 상태였다. 마지막 한 꺼풀의 땅을 들어올리기에 자신도 없고 쑥스러웠던 유찬이의 마음을 주거니 받거니 읽어주자 마침내 땅을 뚫고 싹을 피웠던 것이다. 그다음은 알다시피, 일사천리로 쑥쑥 튼튼한 나무로 자랐다. 누군가에게는 한 번의 토론이 절망에서 희망으로 넘어가는 임계점이 될 수 있다. 안 해볼 수가 없다.

내가 그나마 용기를 내어 유찬이를 만나러 갈 수 있었던 것은 청소년에게 토론식 대화가 효과가 있다는 것을 깨달았기 때문이었다. 예전에는 심리상담 중에 청소년 상담이 가장 어려웠다. 성인은 비록 상담자가 맘에 들지 않아도 상담실에서는 그래도 예의를 지키고 얘기를 듣는 척이라도 한다. 청소년은 바로 그 자리에서 흥칫뿡 하며 "왜요? 왜 그래야 하는데요? 우리 엄마랑 짰어요? 더 들어볼 것도 없네요." 이런 식으로 말한다. 말이라도 하는 아이들은 그나마 낫다. 한두 번은 반드시 관계 개선의 기회가 오기 때문이다. 상담자의 얘기를 듣지도, 눈을 보지도 않고 1시간 내내 시계만 들여다보며 말을 안 하는 아이들이 가장 힘들다. 반대로 그렇게 눈을 반짝이며 내 얘기에 경청하고 눈물을 흘리면서 "선생님이 우리 엄마이면 좋겠어요. 정신 차리고 살아볼게요" 해놓고서는 다음 날 바로 부모와 싸우고 가출했다는 연락이 오기도 한다. 부모님께 다음 주 상담까지는 아이에게 말을 하지 말아달라고 그렇게 부탁했는데도 말이다. 어떤 부모님들은 내가 전

날 아이에게 했던 얘기를 의심하기도 한다. 마치 내가 가출을 부추기라도 했듯이. 이 정도까지는 아니라도 어떻게 상담을 받고도 달라진 게 없이 또 부모에게 대들 수 있냐며 원망 섞인 말들을 하신다. 이제 고작 한 번 상담을 했는데 말이다. 그런 일들을 겪으면서 나는 청소년 상담은 다른 상담 이후로 미루는 편이었다. 그러니 예전이라면 유찬이의 교장선생님이 아무리 존경스럽고 간곡하게 말씀하셔도 수십 가지 이유를 대며 가지 않았을 것이다. 가 봤자, 전문상담가도 별 볼일 없구나 하는 말이나 듣고 올 것이기 때문이다. 토론이라는 도구를 써볼 수 있기에 나는 유찬이를 만나볼 용기를 냈던 것이고, 그 결과 아름답게 마무리할 수 있었다.

그렇다고 청소년 상담이 쉬워진 것은 아니다. 여전히 어렵다. 하지만 예전에는 가장 어려웠다면 요즘에는 다른 상담만큼 어렵다. 오히려 청소년 상담은 독특한 매력이 있다. 시간이라는 매력이다. 청소년은 어른과 달리 성장이 진행 중인 마법의 시간선線에 있기 때문에 비록 오늘 결실이 없었어도 뇌가 성숙하고 마음이 영글어가는 다른 시간에 결실이 나타날 수 있다. 오늘이라는 시간선에서 내가 실패했더라도 다른 사람이 다른 시간선에서 그들의 마법 같은 변화를 목격할 수 있다. 따라서 청소년은 성장의 완료 시점까지는 절대로 포기하면 안 된다.

나는 청소년을 키우는 것이 사금채취 같다고 생각한다. 사금

채취자들은 한 움큼의 금을 얻기 위해 매일같이 싫증도 안 내고 모래를 들여다본다. 그제도 꽝, 어제도 꽝, 어언 1년이나 지나고도 역시나 꽝이지만 "오늘은 그래도!" 하면서 신중하게 모래를 걸러본다. 우리 곁의 청소년도 마찬가지이다. 단 한 명의 어른이, 단 한 번에 금을 찾는 게 아니다. 수십 명의 어른들의 수십 번의 시도가 쌓여 어느 날 결정적으로 그들의 마음속에 들어 있던 빛나는 금을 찾게 해주는 것이다. 운이 좋으면 바로 오늘 내가 마지막 모래 훑기에 성공할 수 있다. 유찬이의 경우에 나는 운이 좋았던 것이다. 유찬이도 운이 좋았다. 자칫, 큰일 날 뻔했다. 토론이라는 매력적인 방법이 나와 유찬이의 운을 틔웠다.

**2부**

# 양육의
# 빅 픽처

# 양육의 빠진 퍼즐

임신 기간은 10개월이다. 영아기는 생후 3년까지이며 이후 6세까지가 유아기이다. 이런 식으로 모든 발달단계는 임의로 정해진 기간이 있다. 그렇다면 양육 기간은 몇 년일까? 생후 20년, 즉 아이가 성인이 되기까지의 기간이라는 답을 찾기는 그리 어렵지 않을 것이다. 그런데 우리 부모들의 양육방법이라든지 양육에 대한 관심과 애정은 초반 10년과 후반 10년이 너무 다르다. 유아기 때는 아동전문가 못지않은 박식함으로 아이의 발달에 개월별로 촉각을 곤두세우면서 요리로 비유하자면 온갖 산해진미를 차려내던 부모들이 이상하게도 후반 10년 동안에는 김치하고 밥만 내놓는 초심플한 메뉴로 일관한다. 밥은 학교, 김치는 학원이다. 이렇듯 전·후반부의 균형이 너무 안 맞다 보니 20년에 걸쳐 완성되는 양육의 빅 픽처에서 10년 정도의 큰 퍼즐이 빠져 있는 셈이다.

이렇게 된 원인을 내 나름대로 제시한다면 우선 양육 기간 자체가 너무 길다. 지금까지도 이미 기절 직전인데 또 10년을 버텨야 한다니 몸도 마음도 지칠 만하다. 그러다 보니 투자 효과를 보고 싶은 심리가 생겨 '그만큼 받아먹었으면 이젠 좀 내놓지?' 하는 심경으로 아웃풋을 자꾸 요구하게 된다. 아마도 가장 큰 원인은 쓸 레퍼토리가 바닥나기 때문일 것이다. 10년이면 강산도 변하는 법인데 후반 10년으로 접어든 아이에게 여전히 지난 10년 동안 써먹었던 방법을 들이댄다. 실제로, 유아기나 아동기의 현란한 양육서에 비해 청소년기의 양육서는 주로 공부 방법에 치우쳐 있고 최근에서야 감정도 좀 받아주자는 내용이 추가된 정도이다. 그러니 부모가 뭘 좀 해보려 해도 도움을 받을 만한 마땅한 무기가 별로 없다. 토론을 제안하는 것이 이 무기를 하나 준비하도록 돕는 것이라 할 수 있으며 이를 1부에서 다루었다. 사실 2부와 1부의 순서가 바뀌는 것이 맞지만 1부에서 실행 방법을 먼저 제시한 것은 사춘기 아이들의 문제가 시한폭탄처럼 오늘내일 사이에도 터질 수 있기 때문이다. 하지만 토론조차도 2차적 문제해결일 것이며 특정한 양육방법이나 기술을 넘어서는 보다 통합적인 접근이 필요하다는 데에는 누구나 공감하리라고 생각한다. 이에 2부에서는 양육의 빅 픽처라는 주제하에 후반 10년을 보다 지혜롭게 헤쳐나갈 수 있는 본질적인 방향성을 같이 모색해보고 싶다. 한 사람의 모색은 발자국조차 희미하더라도 다수의 지혜가 모이면 큰길이 생긴다. 큰길을 같이 내보자는 마음으로 2부를 시작하려 한다.

# 1장

# 새 지도가
# 필요하다

**지형이 바뀌었다: 동굴의 출현**

양육과정을 놀이에 비유해본다면 열 살까지는 얕은 산에서 노는 것이고 이후는 깊은 산속으로 들어가 탐험을 하는 것이라고 할 수 있다. 아이가 열 살이 넘으면 예 놀던 그 강과 그 산이 아닌 것이다. 따라서 십 대를 지도指導하려면 새 지도地圖가 필요하다. 사춘기 자녀의 부모는 새 지도를 보는 법을 익혀야 한다.

　나는 청소년의 지도에서 가장 눈에 띄는 게 동굴이 만들어진 것이라고 생각한다. 아동기 때는 아이가 무엇을 원하는지, 거짓말을 하는지 등 마음이 다 읽혔는데 청소년은 동굴 속에 들어가 있을 때가 많기 때문에 마음을 엿볼 기회조차 많지 않다. 동굴을 만드는 이유는 잠시 외부에 대해 실드를 치기 때문이다. 이는 마치 나비 애벌레가 번데기로 변하는 것과 흡사하다. 곤충 중에, 아니 동물을 통틀어 나비만큼 예쁜 생물도 없는 것 같다. 나비가 나타나면 주변 공기가 환하게 바뀌며 모든 사람들이 미소를 짓는다. 많은 판타지 소설에서 나비를 신의 형상으로 표현하는 것도 당연하다. 다만, 이토록 아름다운 나비들도 잠시 동안은 번데기 과정을 거쳐야 한다. 나비가 되기 위한 준비를 하는 동안 적에게 먹히지 않기 위해 자신을 보호하려는 것이다. 인간계의 청소년들도 성인이 되기 전에 적에게 함몰되지 않기 위해 동굴을 만들어 숨는다.

그런데 청소년의 적은 누구일까? 이 세상이다. 부모 또한 세상의 일부분이기에 가당치도 않지만 부모에게도 마치 적을 대하듯 하는 것이다. 그렇다면 청소년은 왜 세상을 적으로 보며 무엇으로부터, 왜 자신을 보호하려는 것일까?

이를 쉽게 이해할 수 있도록 데이비드 이글먼의 저서 《더 브레인》에 실린 연구를 소개한다. 연구자들은 청소년과 성인으로 구성된 자발적 참가자들에게 상점의 진열창 안에 놓인 의자에 앉으라고 요청한 다음, 커튼을 젖혀서 참가자들이 외부에 노출되어 행인들의 구경거리가 되도록 했다. 동시에 참가자들의 피부 전도 반응을 통해 불안 수준을 측정했다. 긴장해서 땀이 많이 분비될수록 피부 전도가 높다. 결과를 보면 성인은 예상대로 나온 반면 청소년은 훨씬 불안 수준이 높았고 심지어 어떤 청소년은 몸을 떨기까지 했다. 데이비드 이글먼은 이런 현상을 '자아감'의 발생과 연관 지어 설명했다. 십 대 청소년들에게 사회적 상황들, 특히 자신이 주시당하는 상황은 감정적 무게가 크기 때문에 강렬한 자기의식적 스트레스 반응을 일으킨다는 것이다. 그는 성인은 발이 새 신발에 익숙해지듯이 자아감에 익숙해져 있기 때문에 진열창 안에 앉아 있는 일을 대수롭지 않게 여기지만 청소년은 다른 사람들로부터 주시당하는 것에 극도의 위협감을 느낀다고 말했다. 왜 아니겠는가? 부모가 많은 것을 대신해줌으로써 부모와 내가 크게 구분되지 않았던 아동기와 달리 이제 자신의 힘으로 독립해야 하니 말이다. 초등학교 첫 등교 날 교실에 들어가는 느낌일 것이다. 이렇듯 자아감을 갖게 될 때의 첫 감정은 기쁨이나 자부심이 아니라 당황스럽고 불안한 쪽에 가깝다. 그러니 동굴 안에 숨어서 떨리는 심장도 좀 가라앉히고 살 궁리를 해보려는 것이다.

이쯤에서 이런 질문이 떠오를지도 모르겠다. 그렇게 힘들면 부모에게 도움을 요청하면 될 것을 왜 동굴에 숨느냐고. 글쎄, 독립이라는 것 자체가 그렇게 생겨먹었다. 편하게 먹을 수 있는 진수성찬이 옆에 있어도 굳이 굴 밖으로 나가 똥인지 된장인지 직접 먹어봐야 직성이 풀린다고 할까. 또한 인간 자체가 원래 그렇다. 성경에 등장하는 최초의 인간인 아담과 하와는 자신들이 벌거벗었다는 '자아감'을 갖게 되자 부끄러움을 느끼며 에덴동산의 나무 틈에 숨었다. 사랑의 신으로부터도 도망을 갔던 존재들의 후손의 먼 후손의 겁나 먼 후손인 청소년들이 무슨 수로 신도 아닌 동일 품종의 부모에게 덥석 안기겠는가. 게다가 우리는 이런 모습이 사실 그리 낯설지 않다. 엄마가 3초면 맬 수 있는 신발 끈을 굳이 자신이 매겠다고 30분을 끙끙대는 아이들을 우리는 다 키워봤다. 아이는 똑같고 달라진 건 오히려 우리이다. 다만 그때 우리는 그들을 대견하게 봐주었고 지금은 꼴 보기 싫어한다.

청소년이 동굴을 만드는 이유가 이해된다 해서 필요 이상으로 오래 있게 해서는 안 될 것이다. 자아감을 형성하는 중에 낯을 가려 동굴에 들어갔다 해도 오래 있으면 습관이 된다. 무엇보다도, 올바른 자아감은 결국 사회 안에서 이루어져야 하므로 적당한 선에서 끝낼 수 있도록 도와주어야 한다. 동굴의 문을 여는 암호는 무엇일까. 이를 알기 위해서는 혈거인들의 심리 상태 파악이 필요하다. 그런데 청소년기에는 심리 상태가 전면 보수공사에 들어가기 때문에 정확하게 파악하기까지 시간이 꽤 걸린다. 공사가 시작되는 부분도 있고 거의 끝난 부분도 있으며 공사 완료 기간을 알 수 없는 부분도 있다. 청소년의 뇌, 몸, 마음의 차례대로 이 순서를 따른다.

## 청소년의 뇌: 보수공사가 막 시작되었다

뇌의 영역은 매우 다양하지만 청소년을 이해하는 데에는 편도체와 전두엽 영역이 특히 중요하다. 당신과 청소년 자녀가 실험실에서 뇌 영상 촬영을 한다고 가정하자. 옆방에서는 촬영되는 뇌가 누구의 것인지 모르는 상태에서 뇌 영상사진이 송출되고 있다. 부모와 자녀가 컴퓨터 스크린에서 애매모호하면서도 무언가 음침한 자극을 보는 순간 옆방의 실험자는 어떤 뇌 영상사진이 청소년의 것인지를 단박에 알게 된다. 어떻게 알 수 있을까?

애매모호한 사진을 보았을 때 성인의 뇌는 전두엽 영역이 크게 활성화되는 반면 청소년의 뇌는 편도체 영역이 크게 활성화된다. 청소년은 애매모호한 자극을 두려워하며 감정적인 수준에서 받아들이기 때문에 뇌의 감정중추인 편도체가 활성화되는 반면, 성인은 애매모호한 자극도 그동안의 경험에 기대어 나름 판단하기 때문에 뇌의 생각중추인 전두엽 영역이 활성화된다. 즉, 청소년과 부모는 뇌의 측면에서 보면 감정뇌인 편도체와 생각뇌인 전두엽이 대치한다고 말할 수 있다. 다른 뇌로 소통하려니 사사건건 대치할 수밖에 없다.

그런데 단순히 편도체와 전두엽이 대치한다면 큰 문제는 없다. 부모는 이미 아동의 편도체를 숱하게 접하고 제압해왔으니 말이다. 문제가 복잡해지는 것은 청소년은 편도체의 힘이 아동기 때와 비교할 수 없을 정도로 막강해지는 것과 더불어 전두엽 또한 기개를 떨치기 때문이다. 앞의 실험에서, 청소년은 편도체 영역이 '크게 활성화'된다고 했지 '오로지 활성화된다'고 쓰지 않았음을 주목하자. 고집을 피워도 달래기나 협박이 먹히는 아동기와 달리, 청소년은 고집은 고집대로 부리는데 완전 멍청하지는 않다. 바로 이것이 부모가 청소년을 다루기 어려운 이유이다.

문제가 한 번 더 꼬이는 것은 전두엽의 발달 또한 순조롭게 진행되지 않기 때문이다. 건물로 비유하자면 성인은 전두엽이 내부 인테리어까지 세련되게 마감된 상태라면 유년기는 전두엽의 골조를 세우는 시기이다. 이윽고 청소년기가 되면 골조의 내부를 채우는 작업이 여름철에 풀이 자라듯 왕성하게 일어난다. 인지용어로 표현하면 사고력이 폭발하는 것이다. 그런데 골조를 채우는 마감재를 선택하는 과정에서 부모와 마찰이 생긴다. 청소년들은 부모가 그동안 꾸준히 비축해주었던 마감재들을 전면 재검토한다. 그동안에는 사장님이 시키는 대로 순순히 따랐는데 갑자기 자신이 사장이 되겠다고 항명(?)하면서 그동안 기성세대들이 했던 말들이 정말로 사실인지 직접 확인해보고자 한다. 왠지 건방져 보이는 '항명'이라는 단어를 쓴 것은 그 정도로 대차게 자기주장을 한다는 의미에서 쓴 것이며, 자아감 형성을 위한 불가피한 과정이기도 하다. 남의 기분 다 맞춰주면서 자아감을 형성할 수는 없을 테니 말이다. 청소년의 뇌는 한마디로, 대단히 유니크하다.

전두엽 기능이 폭발적으로 발달한다 해도, 아이들 스스로 공사를 진행하기에는 여전히 매우 미숙하다. 그럼에도 그들은 부모에게 금방 도움을 요청하지 않는다. 전두엽이 아직 미완성인 상태의 어린이는 어른의 전두엽을 빌려 쓰는데 청소년은 빌려 쓰지도 않는다. 거참, 좀 빌려 쓰면 좋겠는데 말이다. 이렇게 된 데에는 부모가 자녀에게 장단을 잘 맞추지 못하는 문제도 있다. 풍부한 감성을 자극시켜야 할 유아 및 아동기 때 부모는 오히려 한글 학습, 영어 학습을 비롯한 각종 지적 체험을 강요하며 사고를 발달시키는 데 혈안이 되어 있다. 아이가 어릴 때는 쉴 새 없이 말해주고 묻고 모든 질문에 다 답해준다. 사실 그때는 부모의 구체적인 '설명'이 큰 의미가 없다. 어차피 대부분 잊어버리기 때문이다. 정성껏 답해주는 부모의 온화한 미소가 그들을 자라게 할 뿐이다. 반면, 이제 본격적으로 사고력을 발달시킬 수 있는 청소년기에 부모는 오히려 감정적으로 대응한다. "시끄러워, 됐고, 그런 쓸데없는 생각하느라 시간 낭비하지 말고 공부나 해." 이런 말과 함께. 잠깐, 공부는 사고력의 일부이지 동격이 아니며 오히려 쓸데없는 생각이 사고력과 동격이다. 특히 한국의 공부는 대학 입시에 초점이 맞추어져 있으니 창의적이고 심도 깊은 사고력을 계발하는 데 한계가 있다. 공부가 사고력과 동격이 아니라는 증거는 등수를 매기는 것만으로도 드러난다. 사고력에 등수를 매길 수 있을까? 등수를 매기려면 사고력의 측정 대상을 가능한 한 협소하게 만들 수밖에 없다. 천차만별이 본질적인 특성인 사고력에 위배되는 양상이다. 전두엽은 폭발적으로 발달하는데 환경은 전두엽을 억압한다. 이것만으로도 우리 청소년들이 왜 "미치겠다"는 말을 입에 달고 사는지 설명이 된다.

　게다가 그들의 전두엽은 부모의 생각보다 강하다. 인터넷 신문에서 재미있는 연구 기사를 본 적이 있다. '잘못 이해했나?' 하면서 몇 번이나 확인했던 내용은, 부모가 이혼이나 별거했을 때보다 사망했을 때 아이들이 비행을 저지르는 경우가 더 낮았다는 것이다. 즉, 자신의 전두엽이 되어줄 대상이 아예 세상에 없으면 그들의 전두엽이 나름 올바로 작동한다는 얘기이다. 부모가 없는 아이들은 어쩔 수 없이 자신의 전두엽으로 살아야 했을 텐데 주변의 나쁜 사람들에게 휘둘리지만 않는다면 혼자서도 너끈히 살 수 있는 엄청난 힘을 청소년들이 자신의 전두엽 속에 갖고 있음을 보여주는 연구 결과라고 해석된다.

　그럼에도, 혼자 힘으로 해볼 것 같았던 그들도 결국에는 한계에 부딪쳐 우리에게 도움을 요청할 때가 있다. 문제는, 정작 그들이 도움을 요청할 때 우리는 그간의 섭섭함으로 인해 눈도 마주치지 않는다는 것이다. 그들이 도움을 요청할 때를 대비해 열심히 생각해두고 그때가 오면 두 팔 벌려 대화를 해주자. 그들이 인정하지 않더라도 여전히 우리는 그들의 전두엽 역할을 해주어야 한다.

전두엽 공사가 완료되어 나름의 가치관을 갖고 살아가는 어른들에게, 막 돋아나는 전두엽 소유자들의 질문은 때로는 신선하지만 대개는 피곤하다. 존경하지 않지만 부모와 교사, 상사들을 대우하기로 마음먹고, 실망을 넘어 절망까지 했지만 여전히 정치가들을 믿어보기로 하는 부모와 달리 그들은 끊임없이 '왜'라고 질문한다. 이렇게 클래스가 다를수록 토론은 좋은 대화방법이 된다. 무엇보다도, 그들의 '왜?'를 말릴 수도 없거니와 말려서도 안 된다. 그렇게 인류가 진화해왔으니까. 무엇보다도, 시간이 흐르면 사춘기의 대치는 끝이 나기 마련이다. 그들은 결국 우리와 유사하게 전두엽 공사를 끝내기 때문이다. 우리 또한 우리 부모들에게 항명했다가 타협했듯이 말이다. 우리의 부모들이 그랬듯이 이번에는 우리가 그들을 기다려줄 차례이다. 어릴 때는 아이가 책을 보다가 눈을 반짝이며 "이게 뭐야?"라고 물으면 1천 번이라도 "개구리야" "호랑이야"라고 말해주었다. 이제 아이는 물어보는 대신 심드렁한 표정으로 "그건 아니지"라고 말하지만 여전히 부모는 딱 열 번만이라도 "응, 넌 그렇게 생각하는구나. 하지만 엄마 아빠 생각은 다른걸. 자, 어쩔래? 좀 더 시간을 가져볼까?"라고 말해주자.

자, 뇌의 보수공사가 시작된 청소년의 입장을 한 줄로 요약해보자.

청소년: "걍 모른 척해줘. 하지만 내가 필요할 때는 도와줘."

이제 그들은 동굴 앞에 서 있는 부모에게 암호를 대라고 한다.

부모: (아이가 얄밉지만) "오케이. 언제든지 콜해. 우리는 늘 여기에 있을게."


## 청소년의 몸: 공사가 거의 끝나간다

앞에서 청소년의 뇌는 이제 막 보수공사가 시작됐다고 했다. 하지만 그들의 몸은 공사가 거의 완료되었다. 문제는 부모들이 이 격차를 잘 모른다는 것이다. 아니, 모른 척한다고 할까? 성인成人이라는 뜻에는 '완성'의 의미가 있는 반면 미성년未成年은 '미완성'의 뜻이 있다 보니 십 대들이 머리에서 발끝까지 미숙해 보이겠지만 몸은 이미 성숙해져 있다. 미숙한 것은 성숙한 몸을 통제하는 뇌인 것이다.

그러니 사춘기 아이들의 몸 안 힘에 대해 우리는 솔직해질 필요가 있다. 몸 안의 힘에는 성적 충동, 공격성 등이 있다. 먼저 성적인 면을 생각해보자. 딸의 첫 생리가 시작된 날 엄마가 아빠에게 넌지시 문자를 보내 장미꽃을 사오게 하여 축하해주는 집이 있는 것처럼 분명, 청소년의 성징性徵은 어른이 되어간다는 선물이다. 그런데 이 선물이 뜻하지 않게 애물단지가 되어버린다.

우선 청소년들은 어른이 되어가는 자신의 몸을 남과 비교하여 문제점을 찾아내기 바쁘다. 키가 작으면 작다고 짜증을 내고 크면 크다고 못마땅해한다. 가슴이 작으면 작다고 투덜대고 크면 크다고 부끄러워한다. 객관적으로 멋진 외모인데도 자신의 외모에 만족하는 아이들을 단 한 명도 본 적이 없다. 거울을 볼 때마다 얼굴을 찡그리면서도 매일 본다. 그러면서 외모에 대한 열등감을 가리느라 사소한 것에 부질없이 몰두한다. 교복 길이를 줄이는 것도 그중 하나이다. 정녕 그들은 치마 몇 센티미터를 줄여 자신의 미모를 업그레이드할 수 있다고 생각하는 것인지. 모래 속에 얼굴만 묻고서는 적에게 들키지 않을 거라 생각하는 타조들 같다.

하지만 타조는 순진무구할 뿐, 그래도 자신의 문제를 인정하고 해결하려 한다. 부모는 부엉이처럼 문제 상황에 대해 대부분

눈을 감고 있다. 부모는 아이들이 외모에 신경 쓰는 것을 매우 싫어한다. 그럴 시간 있으면 글을 한 자라도 더 보라는 것이다. 부모가 왜 부엉이라는 것인지 생각해보자. 청소년의 몸이 변하는 것은 성인이 되어 2세를 낳을 수 있는 준비를 한다는 의미이다. 옛날 같으면 혼인을 하는 나이가 된 것이다. 사춘기思春期의 '춘春'이라는 글자에는 원래 봄볕에 새싹이 돋는다는 '성적 성숙'의 의미가 있다고 한다. 인간은 단순히 출산을 하는 것으로 생이 끝나지 않기에 출산과 양육의 의미가 굉장히 약하다. 하지만 동물계에서는 수많은 생명체가 교미 직후나 알을 낳은 직후 죽을 정도로 출산과 양육은 삶의 가장 중요한 도달점이다. 요점은, 인간의 수많은 목표 중 가장 자연스럽고 본능적인 목표를 이루고 싶어 하고 또 이룰 수 있는 나이가 청소년기라는 것이다. 따라서 이성에게 관심을 보이고 자신의 매력을 높이고자 하는 애들의 관심과 행동은 그저 자연 그 자체이며 어떻게 보면 대학에 가는 것보다도 더 중요하다. 그런데도 사회는 어른이 된 몸의 변화로 먼저 자각하게 되는 본능과 감정을 무조건 모르는 척하며 아이들을 콘크리트 빌딩과 교복에 가두어놓고 숫자와 단어에만 집중하라고 강요한다. 사복이 허용되는 체험학습 날 무슨 옷을 입고 갈지 한 달 전부터 고민하고 옷 살 돈을 달라 하는 청소년의 애타는 마음을 받아주지는 못할망정 중간고사 준비에 소홀하다고 언성을 높이기만 하니 부모는 청소년이 사춘기가 아니라 '사추기思秋期'에 있는 듯이, 아니, 사추기로 있어야 한다는 듯이 대하기로 작심한 것 같다. 모든 정념에서 벗어나 도 닦듯이 공부만 한다는 게 사추기 때나 가능하지 않겠는가.

여자고등학교 학부모 모임의 휴식시간 중에 자녀의 이성 교제 얘기가 잠깐 나온 적이 있었다. 어떤 어머니는 귀가 시간을 철저히 엄수하게 한다고, 또 어떤 어머니는 아이의 지갑에 아예 콘돔을 넣어준다고 했다. 이 어머니의 얘기를 듣고 대부분의 참석자들이 소스라치게 놀라는 표정을 지었지만 고개를 끄덕이는 사람들도 몇 명 있었다. 그들은 "어차피 벌어질 수도 있는 일인데 말로만 조심해서 될 일은 아니라고 생각한다"고 당당하게 말했다. 당신은 어떤 부모 쪽인가? 유일한 결정이 이것이라고 확실하게 말할 수는 없지만 우리 애는 그런 충동이 전혀 없는 척 부인하면 안 된다는 것은 확실하다. (콘돔을 갖고 다니게 할지 말지에 대해서도 의견 통일은커녕 공개토론을 할 분위기조차 안 되어 있는 게 한국의 현실이다.)

이번에는 공격성과 충동성을 들여다보자. 이런 감정들은 사춘기의 강렬한 감각 추구에서 비롯되는데 최대한 20대 중반이 되어야 안정화된다. 어떤 신경학자는 이 시기의 감정적 격렬함을 전교생이 소란을 피우는데 교사 10명이 상황을 통제하려는 것과 같다는 표현으로 비유한 바 있다. 그 정도로 이 시기의 감정적 교란은 단순한 훈계로 잡기에는 어려움이 있다. 청소년들은 10분, 15분 만에도 감정이 변한다고 밝힌 연구도 있다. "똥이 무서워서 피하냐, 더러워서 피하지"라는 속담이 있는데 십 대의 공격성은 두 가지가 다 해당되어 더럽기도 하고 무섭기도 하다. 아이의 성질을 부모가 절대적으로 이기지 못해서가 아니라 부모는 이성적으로 대처하려는데 아이는 겁도 없이 감정적으로 맞서는, 마치 하룻강아지가 범에게 왕왕대는 꼴이라 부모가 알면서도 물러나는 경우가 '더러운' 경우이다. 반면, 매일 술 먹고 행패 부리던 아버지가 그날도 어김없이 행패를 부리다가 고등학생 아들에게 멱살을 잡혀 땅에 발도 못 대고 허우적대다가 풀려난 후 다시는 행패를 부리지 않았다는 누구누구네 집처럼(생각보다 많다), 실제로 부모가 목숨의 위협까지 느끼는 경우가 '무서운' 경우이다.

그런데도 어른들은 청소년의 충동적이고 공격적인 모습을 애써 부인하려고 하며 그런 조짐이 보일 때 크게 혼을 내거나 위협하는 게 다이다. 그리고 애써 절제하고 통제하려는 아이들을 크게 이상화하고 감싼다. 절제하는 아이들은 당연히 훌륭하다. 다만, 절제하지 못하는 아이들이 문제가 없는 것은 아니지만 엄청난 비정상도 아닌 것이다. 청소년의 충동성과 공격성을 누가 더 잘 통제하느냐의 차원에서 보는 것은 성냥을 성냥갑에 넣어놓고 어느 성냥이 불이 안 붙나 보는 것과 똑같다. 청소년은 불이 붙을 수밖에 없는 성냥 그 자체이다. 불을 예방하려면 "불조심하라"고 명령만 내려서는 안 되며 성냥갑에서 꺼내주어야 한다.

아프리카의 선조들은 청소년들을 아주 잘 파악했던 것 같다. "만약 우리가 아들들을 남자가 되도록 인도하지 않는다면 그들은 마을에 불을 지를 것이다"라는 속담을 만들었으니 말이다. 그래서 아프리카 옛 부족에서는 소년은 아버지를 따라 사냥에 합류하도록 함으로써 성인 남자가 되도록 인도했고 소녀는 어머니와 같이 식량을 갈무리하고 사냥 나간 남자를 대신하여 부족을 지키게 함으로써 성인 여자가 되도록 인도했다. 당장이라도 사고를 칠 수 있는 몸 안의 힘을 건설적으로 발산하도록 했던 것이다. 우리네 선조들도 다르지 않았다. 옛 청소년들은 부모를 도와 농사를 짓거나 길쌈을 하거나 말을 타고 활을 쏘거나 그네라도 타면서 몸의 힘을 건설적으로 발산했다. 국가 차원에서 행해지는 놀이도 많았다. 쥐불놀이도 그중 하나이다. 쥐를 비롯한 해로운 동물과 액을 쫓기 위해 정월에 논둑과 밭둑에 불을 놓는 세시놀이였다. 《한국민속예술사전》에 수록된 내용에 의하면, 단순한 쥐불 놓기가 유희성을 가미한 쥐불놀이로 바뀌어 편싸움 형태로까지 발전했고 근대로 넘어오면서 화재 예방을 위해 쥐불을 놓지 못하게 하고 해충 박멸에 농약이 사용되면서 쥐불놀이는 점

차 사라져갔지만 대신에 깡통에 불을 넣어 돌리는 불 깡통놀이로 대체되었다고 한다. 지금은 민속사전 속의 용어로만 남아 있지만 쥐불놀이를 했을 당시의 청소년들의 표정을 상상하니 저절로 미소가 지어진다. 활활 타오르는 불에, 하늘로 날아가는 불 고리에, 온갖 시름을 날려 보냈으리라. 다음 해의 불놀이와 편싸움의 승리를 기원하며 어깨동무를 하고 돌아오는 골목골목마다 그네들의 웃음소리가 끊이지 않았으리라. 쥐를 잡는다는 명색이었지만 우리 선조들은 불날 위험이 없도록 넓은 들판을 제공하여 아이들이 마음껏 끼를 발산하도록 허용했다.

그래서 그들은 마을에 불을 지르지 않았다. 반면 현대사회에서는 과거 어느 때보다도 청소년기는 길어진 반면 발산할 곳은 없다 보니 여기저기서 불이 난다. 불의 모양이 바뀌었을 뿐이다. 폭력, 술, 반항, 일탈 등으로. 몸은 이미 완성됐지만 사냥을 할 수 없는 현대사회에 사는 청소년에 대한 중요한 정책으로 충동성과 공격성을 어떻게 건설적으로 발산하게 할지를 고려해야 한다. 현대적인 쥐불놀이란 무엇일까? 그들에게 넓은 들판을 어떻게 마련해줄까? 대입 전형 못지않게 중요한 질문이라고 생각된다.


자, 몸이 다 큰 청소년들의 입장을 요약해보자.

청소년: "사추기가 아니라 사춘기라고욧! 마을에 불 지를 수도 있다고욧!"

이제 그들은 동굴 앞에 있는 부모에게 암호를 대라고 한다.

부모: (아이가 무섭고도 얄밉지만) "쥐불놀이라도 하게 해줄 테니 마을만은 참아다오."

## 청소년의 마음: 공사 완료 시기가 각각 다르다

지금까지 청소년의 뇌와 몸에 대해 살펴보았다. 이 두 부분에서는 대부분의 청소년들이 유사한 성숙단계를 거친다. 즉, 전두엽의 성숙은 막 시작되었고 몸의 성숙은 완성 직전이다. 하지만 마음은 집집마다, 개인마다 성숙의 속도가 다르다. 따라서 성숙을 앞당기는 데에 부모의 역량이 앞의 두 가지보다 훨씬 더 비중이 크다.

대책 없는 청소년의 행동에 질린 기성세대는 머리를 맞대고 고민하다가 좋은 범인 하나를 찾았다. 호르몬이다. 사춘기가 되면 공격적이고 배려 없는 행동을 하게 만드는 호르몬이 분비된다는 것이다. 하지만 호르몬은 죄가 없다. 이 시기에 분비되는 특정 호르몬으로 인해 2차 성징 같은 신체적 변화가 가속화하는 것은 맞다. 하지만 감정조차도 모두 호르몬 탓이라고 보는 것은 지나친 단순화이다. 기분 나쁜 감정을 만드는 호르몬이 저절로 분비될 리가 없으며 분명히 선행사건이 존재한다. 즉, 스트레스가 있기에 스트레스 호르몬이 분비되는 것이지 그 반대가 아니다. 우리가 놓치고 있을 수 있는 십 대들의 스트레스 요인을 살펴봐야 할 이유이다.

## 우상이 무너지다

어릴 때는 하늘 같고 신 같았던 부모들이 언젠가부터 상당히 수준 낮은 인간으로 보이기 시작하는 시기가 사춘기이다. 아니 더 솔직하게 말하면 그런 인간으로 보겠다고 마음을 먹기 시작하는 시기가 사춘기이다. 사실 그렇게 보인 것은 꽤 오래되었다. 아이는 대략 5~6세경, 세상에 대한 인식력이 가동하기 시작하면서 부모에게서 삶의 부조리를 가장 먼저 경험하기 시작한다. 그렇게 자신에게 예의 바르게 행동하라고 잔소리하던 아빠가 할아버지에게 함부로 굴 때, 그렇게 자신에게 물건을 제자리에 놓으라고 호통치던 엄마가 마트에서 장을 본 후 카트를 아무 데나 버려놓고 가려 할 때, 인생에서 가장 중요한 것은 공부가 아니라 인성이라고 누구이 말했던 부모님이 자신의 성적표를 보고 냉랭한 눈빛을 보일 때… 일일이 말할 수도 없는 사건들이 매일, 그것도 어떤 날은 하루에도 여러 번 발생한다. 처음에는 긴가민가, 그다음에는 확실히 그런데 뭐라 표현할 수 없는 시간들을 거쳐 드디어 사춘기가 되었을 때 그동안 경험했던 혼란스러웠던 감정들을 밖으로 토해낸다. 이때 토해내는 이유는 예전에 비해 정신적, 육체적으로 성숙해져 부모와 맞먹을 수 있다고 판단하기 때문이다. 언어능력이 발달해서 아빠와의 웬만한 말싸움도 지지 않는다. 특히 딸이라면. 키가 커지고 근육이 세져서 한 대 때리려는 엄마의 팔을 잡고 꼼짝 못하게 한다. 특히 아들이라면.

우리는 애들의 외현적인 태도에만 속상해하지 그런 태도를 보일 수밖에 없게끔 그들이 큰 스트레스에 봉착했음을 잊고 있다. 나의 우상이 무너진다는 것은 인생 전체가 흔들리는 것이다. 아주 큰 스트레스이다.

아이가 더 이상 나를 우상으로 보지 않는다 치자. 부모는 어떻게 해야 하는가? 위로가 되는 말은 아니겠지만 사실 이 시기에 부모가 해줄 수 있는 일은 딱히 없다. 아이들이 어렸을 때 우리가 그들에게 신처럼 보였다는 것이지 우리는 신이 아닌 인간이기 때문에 다른 인간으로부터 지속적인 존경을 받는다는 것은 불가능하다. 이것을 풀 사람은 오히려 아이들이다. 그들 스스로 부모의 나쁜 모습과 좋은 모습을 융합하여 현실적인 인간관을 갖게 되면서 혼란이 다소 줄어든다. 다만 그 시기가 오래 걸리기 때문에 부모는 최대한 비합리적인 행동을 하지 않도록 조심하고 그들의 롤 모델이 되도록 노력하면서 상황이 더 악화되지 않도록 해야 한다.

물론 이런 노력만으로는 한계가 있을 때가 많다. 아이들이 우상을 깨부수는 이유가 부모의 생각의 차원을 넘어서기도 하기 때문이다. 부모와 늘 싸우는 중3 남학생이 상담실에 왔다. 부모는 아이가 매사에 반항한다고 했다. 아이의 얘기를 종합해보면 '도무지 부모에게 존경할 것이 하나도 없다'는 것이었다. "존경할 것이 손톱만큼이라도 있어야 나도 의무를 다하죠. 지들은 그렇게 엉망으로 살면서 왜 맨날 나한테만 책임을 다하라고 하냐고요." 나는 뭐가 그렇게 존경스럽지 않느냐고 물었다. "하도 많아서 뭘 말해야 할지 모르겠네요. 그렇게 서로 욕을 하면서 싸우다가도 밤에는 또 같은 방에서 자요. 그것도 황당한데, 그렇게 자고 나왔으면 다시는, 아니, 당분간은 싸우지 말아야죠. 자고 난 다음 날 아침부터 싸운다니까요? 무슨 동물들도 아니고, 개도 그렇게 살지 않을걸요."

상담을 하면서 그렇게 오랫동안 다음 말을 하지 못했던 때도 없었던 것 같다. 싸우고 나서도 아이에게 상처를 줄까 봐 한 방에서 자고 나오는 부모의 속 깊은 행동이 사춘기 아이들에게는 또 다른 공격거리가 될 수 있다는 것을 아는 부모들이 몇이나 될까? 이런 모습에서도 존경심이 사라진다는데 도대체 무슨 수로 존경을 받을 수 있다는 말인가?

　나는 그 순간 과거의 한 사건이 떠올랐다. 횡단보도에 서 있었는데 마침 고등학교 하교 시간이었다. 횡단보도 길이가 제법 길어서 먼저 건너갔던 남학생들과 이쪽에 서 있던 남학생이 손나팔을 대고 큰 소리로 말을 했다. "야, PC방에서 봐. 늦으면 아작 난다." "시끄러워, 새끼야. 집 가서 돈 갖고 튀려면 늦어." "새끼야, 뭘 그리 눈치를 봐, 그냥 집어 오면 되지." "날 낳은 년이 무서워서 그러겠냐. 며칠 징징댈 테니 짜증나서 그렇지." '날 낳은 년'의 아들이 있던 쪽에 서 있던 나는 마치 내가 그 학생의 엄마라도 된 양 옴짝달싹할 수 없었고 최대한 '날 낳은 년'과 유사한 연령대라는 걸 가리고 싶은 마음으로 양산을 더 눌러썼다. 이런 얘기를 다른 사람에게서 들었다면 나는 소위 전문가적 태도로 "아휴, 그 애들을 그냥 놔두었어요? 그렇게 말하면 안 된다고 꾸중하지 그랬어요?"라고 했을 것이다. 하지만 현장에서는 그저 빨리 도망치고 싶은 생각밖에 들지 않았다. 우리는 흔히 고양이가 쥐를 잡아먹는다는 것을 알고 있다. 그냥 알고 있는 것이다. 동화책에서부터 알고 심지어 〈톰과 제리〉를 통해 재미있는 장면으로 받아들이기도 한다. 헌데, 그 현장을 직접 본 적이 있으신지. 밤도 아니었다. 환한 대낮에 고양이 한 마리가 자기 머리보다 더 큰 새까만 쥐를 물고 아파트의 숨은 공간으로 어슬렁거리며 들어가는데 아마존에서 아나콘다를 보아도 그렇게 놀라지 않았을 정도로 나는 그 자리에서 한참을 얼어붙어 있었다. 설명할 수 없는 기괴스러움, 음산한 카리스마, 가까이 다가가고 싶지 않은 정떨어짐…. 작은 고양이 한 마리가 실로 엄청난 포스를 풍겼다. 청소년 또한 그럴 때가 있다. 대부분은 멍청한 톰같이 굴지만 결정적인 순간에 범접할 수 없는 악의 기운을 뿜는다. 청소년들의 말은 현장에서 듣는 게 아니다. '그랬다고 하더라'는 전설로 남겨두는 게 맞다. 문제는 이 '전설'들이 실컷 일을 저지르고 들어와서는 지들 필요할 때만 밥 달라, 돈 달라 하며 현실 부모를 호구처럼 부리니 부모 노릇 20년 한 사람들은 천국으로 바로 입장하게 해야 한다. 일곱 번씩 일흔 번만 용서했겠는가. 하루에 한 번만 쳐도 3천 번이 넘어간다.

다행인 것은 시간이 지나면 부모를 폄하하는 태도가 다소 줄어든다는 것이다. 첫 번째는, 부모보다 더 한심한 어른들을 만나면서부터이다. 적어도 엄마는 성적으로 야단을 치긴 했지만 학교 학년부장샘처럼, 성적이 좋은 애들부터 점심을 먹게 하지는 않았다, 적어도 아빠는 핸드폰에 빠져 있는 내게 핸드폰을 정지시키겠다고 협박은 했어도 학원샘처럼, 공부 잘하는 애들은 핸드폰을 제출하지 않아도 눈감아주는 행동은 하지 않는다, 이런 식으로 더 실망스러운 일들을 겪으면서부터이다. 불행인 것은 존경할 수 없는 대상들이 기하급수적으로 늘어나 짜증지수가 폭발적으로 상승한다는 것이다. 처음에는 부모만 상대하면 되었는데 이제부터는 산전, 수전, 육탄전까지 해야 한다. 두 번째는, 그토록 경멸하던 부모의 행동을 본인들이 몸소 했을 때이다. 자신이 나쁜 사람이어서가 아니라 실수를 한 것이라고 둘러대다가 문득 부모도 그럴 수 있다는 깨달음을 얻게 된다. 그렇다고 기분이 좋아지는 것은 아니다. 이제는 인간의 한계 자체가 기분이 나빠져 더 혼란스럽기만 하며 그렇게 그들의 시간은 진흙에 빠진 수레바퀴처럼 삐뚤빼뚤 굴러가기 시작한다. 모든 아이들이 매일 그런 것은 아니겠지만 대부분의 아이들이 이틀에 한 번씩 살고 싶지 않다고 생각하는 시기가 청소년기라고 해도 과언이 아니다.

## 첫사랑이 떠나가다

여섯 살짜리 아이가 고개를 까닥거리며 〈곰 세 마리〉를 부를 때 부모는 입이 천장에 달려 흐뭇하게 바라본다. 하지만 아홉 살이 되어서도 〈곰 세 마리〉를 부를 때는 입이 올라가는 각도가 한참 처진다. 아이들은 이 변화를 알아차린다.

재래시장에 한 번씩 갈 때마다 들르는 칼국숫집이 있다. 맛도 맛이지만 값이 3천 원밖에 안 되어 늘 줄을 서서 먹어야 하는 집이다. 일행이 있어도 한자리에 앉지 못하는 경우가 다반사이며 아무 데나 자리가 나면 일단 앉아야 하는 시끌벅적한 식당이다. 한번은 내 앞에 가족 세 명이 앉았다. 갈래머리를 땋은 여섯 살짜리 소녀와 부모였다. 그 아이의 나이를 알게 된 것은, 아버지가 아이에게 "내년에 1학년이 되니 공부 열심히 해야 해"라고 말했기 때문이었다. 마침 식당에서는 중간에 물을 한번 바꾸는 시간인지 평소 햄버거보다 더 빨리 나오곤 하던 국수가 10분 정도 지나도록 안 나오고 있었다. 엄마가 아빠하고만 계속 얘기를 해서 심심해진 아이는 컵에 물을 따랐고 다 따른 후 입을 손에 댄 채 놀라는 표정을 지었다. 아마 처음으로 물을 흘리지 않고 따랐었나 보다. 아이는 옆에 앉은 엄마의 옷깃을 잡아당기며 자신의 공적을 봐달라고 했지만 엄마는 아빠하고만 얘기하느라 아이 쪽으로 눈도 돌리지 않았다. 멋쩍어진 아이는 맞은편에 앉은 나를 쳐다보았고 나는 아이의 심정이 이해가 되어 박수 쳐주는 시늉을 하며 잘했다는 미소를 보냈다. 그랬더니 아이가 이번에는 컵 두 개를 더 빼서 물을 따르는 것이 아닌가. 완벽하게 해낸 아이는 또 나를 쳐다보았고 나는 다시 고개를 끄덕여주었다. 이런 식으로 아이는 계속 주목받고자 하는 행동을 찾아서 하더니 급기야는 주머니에서 그림카드를 꺼내어 아라비아 숫자와 그림의 숫자가 일치하도록 배열하기까지 했다. 그런 행동을 할 때마다 아이는 반드시 나를 쳐다보았고 내가 웃어주면 그다음 행동을 했다. 칼

국수가 나올 때까지 아이가 이런 행동을 계속하는 동안 엄마는 단 한 번도 아이 쪽으로 눈길을 주지 않았다. 나는 처음에는 그저 아이가 귀여워서 미소 짓고 있었는데 어느새 코미디를 볼 때처럼 웃겼고 나중에는 무언가 짠한 느낌이 들었다. 그토록 주목받고 인정받고 싶어 하는 아이의 마음을 부모가 자신도 모르게 내치게 되는 그 첫날의 역사적 현장을 목격한 느낌이었다. 저런 식으로 아이는 부모에게 서운함을 느끼며 멀어지겠구나 싶었다.

부모가 아이의 서늘한 눈빛이 발사된 첫날을 잊을 수 없듯이 아이 또한 부모의 미소가 달라진 첫날을 잊지 못한다. 아이를 넘어 다른 곳을 보는 부모를 보며 아이는 엄청난 외로움과 불안감을 느끼게 된다. 첫사랑이 떠나가는 아픔이다. '품 안의 자식'이라는 말이 있다. 자식이 어렸을 때는 부모의 뜻을 따르지만 자라서는 제 뜻대로 행동하려 함을 비유적으로 이르는 말이다. 헌데 품 안의 자식 이전에 '품 안의 부모'가 먼저였을 수 있다. 언젠가부터 부모가 내 뜻대로 움직여주지 않으니 기다림에 지친 자식이 부모 품을 떠나는 것이다. 아이는 자기를 지켜봐줄 다른 대상을 찾게 되며 그 첫 번째 대체 대상은 또래 친구들이다. 그래서 이 시기에는 부모보다 친구를 더 좋아하며 그들의 기준에 따르려고 기를 쓴다. 또래 친구들이 중요하게 여기는 운동, 게임, 심지어 술과 담배 같은 것에 쉽게 몰입하게 되는 것도 이 때문이다.

그렇다면 부모는 왜 품 안의 부모가 될까? 단순히 아홉 살짜리 아이가 아직도 〈곰 세 마리〉를 불러서만은 아니다. 아이가 초등학교에 들어갈 무렵이면 엄마도 인생의 절정기에 이르러 무척 바빠진다. 일을 계속 해왔다면 팀장급 이상의 지위에 있으면서 중간 관리자 역할을 하느라 정신이 없다. 전업 맘이었어도 이제 집안에서 부모님과 형제자매들, 동서들, 여러 명의 자식들을 중재하고 보호하느라 눈코 뜰 새 없다. 정신을 쏟을 데가 한두 군데가 아니다 보니 그동안 땀을 쏟으며 키운 아이만이라도 이제는 스스로 알아서 하기를 바라게 되어 예전만큼 눈길을 덜 주는 것이다.

사춘기 아이와 부모가 대치하는 원인을 한 줄로 표현하라면 이렇게 말하고 싶다. "부모는 더 이상 존경스럽지 않고 아이는 더 이상 예쁘지 않다." 즉, 서로에게 예전만큼 매력을 느끼지 못한다. 부부 사이에만 권태기가 있는 것이 아니라 부모 자식 간에도 권태기가 있다. 권태기의 부모와 자녀는 각자 다른 곳을 본다. 같이 강가에 서 있어도 부모는 산을 가리키지만 아이는 물고기를 보는 셈이다. 내리사랑의 속성이 그러한지는 모르지만, 이 권태기에 상대방에 대한 기대를 포기하는 쪽은 자녀가 빠르다. 아이들은 속으로는 속상하지만 겉으로는 부모의 사랑을 포기한 척, 온갖 험한 말들을 뱉으며 빠르게 동지들을 만들어나간다. 하지만 부모는 이 과정을 그저 잠시의 일탈로만 보고 싶어 하면서 늘 '예전의 예뻤던 아이'로 돌아오기를 꿈꾼다. 그럴수록 관계는 더 악화되기만 할 뿐이다. 아이들과 보냈던 달콤한 시간들은 강물처럼 흘러갔음을 인정하자. 아이는 다시는 예전으로 돌아오지 않는다. 아이는 일시적으로는 퇴행하겠지만 결국에는 더 멋진 모습으로 변할 것이며 운이 좋으면 예전에 갖고 있었던 좋은 모습을 일부 회복할 것이다. 부모가 할 일은 더 좋은 모습으로 변해가도록 도와주는 것이다.

### 여긴 어디이고 나는 누구인가: 나는 소중한 사람이 아니었나 봐

청소년에게 앞의 두 가지보다 더 큰 스트레스가 있다. 자신의 존재감 자체가 위태로워지는 것이다. 부모라는 우상이 무너졌을 때 인생이 흔들렸다면 이 스트레스는 인생이 아예 사라질 정도이다. 실망한 부모를 떠나 친구들에서 새로운 존재감을 찾고자 하지만 이 또한 만만치가 않다. 친구들을 사귀는 학교 자체가 생각만큼 우호적이지 않으며 어떤 학생들에게는 등교를 거부하고 싶을 정도로 가혹한 환경이다. 꽤 오래전에 일어났는데도 아직도 잊히지 않는 초등학교 1학년 학생의 자살 사건이 있다. 자신은 학교가 끝난 후에도 학원을 몇 개씩 다니면서 힘들게 살고 텔레비전도 마음대로 못 보는데 아빠는 왜 집에서 텔레비전만 보느냐는 내용이 유서에 있었다고 했다. 그 아버지가 밖에서 얼마나 힘들었으면 집에서는 무력하게 텔레비전만 봤겠는지 아이가 이해할 수 없었듯이 부모 또한 자식이 얼마나 힘들게 학교생활을 하는지 이해하지 못한다.

학교 관련 스트레스 중 1위가 공부라는 것은 대부분 알겠지만 좀 더 자세히 들여다보자. 솔직하게 말하면 아이들이 공부를 싫어할까? 공부한 것을 평가하는 성적을 싫어한다. 평소에 즐겁게 책을 보고 선생님의 눈을 맞추고 사고력을 키워본들 시험 점수가 낮으면 '공부를 안 하는 한심한 애'로 낙인찍힌다. 애써 마음을 달래 '시험도 좀 준비해보자'라고 마음먹어도 자신의 가치가 오직 성적으로만 평가되는 한 공간에 나보다 성적이 좋은 애와, 나를 이겨보겠다고 씩씩대는 애와 섞여 하루 8시간, 심지어 12시간을 같이 보내니 이리저리 신경이 쓰여 집중할 수 없다. 중간고사, 기말고사는 말할 것도 없고 크고 작은 수행평가와 각종 경시대회까지 등수가 매겨지는 상황이 끊임없이 벌어진다. 그때마다 아이들은 열등감과 좌절감을 느끼고 아주 간혹 우월감을 느낄 때도 있지만 그마저도 시기하는 친구의 훼방으로, 또는 우정이 신경 쓰여 괴롭다. 심지어 교사는 자기밖에 모르고 자란 아이들을 무턱대고 한 팀으로 묶어 팀 과제를 부여한 후 팀 작업이 시원치 않으면 가차 없이 점수를 깎는다. 개성이 다른 아이들과 어떻게 협업을 해야 하는지도 가르쳐주지 않고서 말이다.

청소년들의 부정적인 감정이야 어느 시대에나 있었지만 나는 결단코 요즘 청소년들이 몇 배나 더 힘들다고 생각한다. 얘들은 "너는 무엇이든 될 수 있어. 너는 특별해. 네가 최고야"라는 말을 과거 어느 때보다 많이 듣고 자랐기 때문이다. 역사 이래로 가장 허용적이고 과보호적인 아동기를 거쳐온 아이들이다. 그런 만큼 생애 처음으로 반에서 1등, 아니 10등 안에도 못 드는 일을 겪을 때, 하루 중 단 1분도 교사로부터 관심의 눈길을 받지 못할 때에는 자존감이 추락하며 무엇을 해야 할지 목표를 상실한다. 최고가 아니면 의미가 없다는 메시지만을 받아왔기 때문이다.

우리나라보다 선택의 폭이 넓어 보이는 미국도 사정은 마찬가지인가 보다. 〈뉴욕타임스〉 의학건강전문기자인 바버라 스트로치의 책 《십대들의 뇌에서는 무슨 일이 벌어지고 있나》에 따르면 미국의 청소년들도 "성공적인 십 대가 될 수 있기에는 선택의 폭이 너무 좁으며" "하버드에 진학하지 못하면 마약중독자에 낙오자가 될 것만 같다"는 생각에 시달린다고 한다. 또한 "사람들은 좋은 대학에 들어가야 한다고 귀에 못이 박이도록 얘기하죠. 훌륭한 사람이 되는 것, 좋은 결혼생활이나 행복한 가정을 일구는 것에 대해서 얘기하는 법이 없어요. 실수를 할 여지를 주지 않아요"라고 하는데 한국의 경우인지 미국의 경우인지 헷갈릴 정도이다. 미국조차 그러하니 2000년대 이후로 우울증이 십 대가 겪는 최대 건강 문제로 부상했으며 과거 어느 때보다 많은 청년이 심리치료를 받고 항우울제를 복용한다는 세계보건기구의 발표는 어쩌면 당연하다. 우리나라 부모들이 이 발표에 더 긴장해야 하는 이유는 전 세계 청소년들의 우울증 수치 상승에 유감스럽게도 우리나라 아이들이 더한 기여가 대단히 크기 때문이다. OECD 회원국 중 우리나라의 청소년 불행감지수가 세계 1위이며 이 지표는 수년 동안 지속되고 있다.

학교 스트레스 2위는 친구 관계이다. 이 스트레스는 어떤 청소년에게는 공부보다도 더 고통스럽다. 처음부터 아예 기대를 안 했으면 모르겠는데 손가락 걸고 우정을 약속했던 소울메이트와 유리잔에 금 가듯이 하루 이틀 만에도 관계가 깨진다. 청소년의 친구 관계는 끊임없는 이합집산의 연속이다. 집단에서 떨어지는 게 두려워 할 말이 있어도 속으로 누르며 바람직하지 않은 친구의 행동에도 눈을 감아야 한다. 상담을 받으러 오는 학생들의 공통 고민 중 하나가 급식 시간에 밥을 같이 먹을 친구가 없다는 것이다. 우울해서 친구를 못 사귀는 건지 같이 밥 먹을 친구가 없어서 우울해지는 것인지 헷갈릴 정도로 상당히 많은 청소년들이 이 문제로 고민한다. 급식 때 누구와 밥을 먹을지는 직장인들의 최대 고민거리라는 점심 메뉴 선정보다 100배나 힘들다. 회사에서는 그래도 일이 밀렸네, 배가 아프네, 하며 식사 대열에서 빠져도 되지만 학교에서는 밥을 안 먹어도, 많이 먹어도, 늦게 먹어도, 빨리 먹어도 다 뭐라고들 한다. 세심한 청소년들은 이 문제 하나만으로도 학교에 가기가 벅차다.

　세 번째 스트레스는 교사와의 관계이다. 아이가 초중고 12년을 통해 단 한 번도 상처를 주지 않는 교사를 만날 수 있을까? 우리 경험으로 미루어보건대 불가능하다. 심지어 매해 상처를 받기도 한다. 설사 12년 동안 딱 한 번의 상처를 받았더라도 그 후유증은 평생 갈 정도로 아이의 정신세계를 지배하기도 한다. 이 정도야 인간이 되어가는 과정에서 겪게 되는 불가피한 스트레스이니 어쩔 수 없는 통과의례라 치자. 하지만 굳이 겪지 않아도 될 스트레스까지 겪는 게 문제이다. 상담실에서 만난 아이들이 털어놓은 학교에 대한 불만을 한마디로 요약하면, 교사가 너무 불친절하고 '우리는 네 생각 따위에는 관심 없거든. 내 방식을 따르고 그게 싫으면 나가'라는 느낌을 준다는 것이다. 실상은 그렇지 않을 것이다. 즉 교사의 의도가 잘못 전해지는 것 아니겠는가? 왜 그렇게 전해지는지를 살펴서 청소년들이 존재감을 느끼게 해주지 못한다면 아이들에게 교사는 멘토도 스승도 아니며 또 하나의 버거운 대상일 뿐이다. 이미 집에서 버거운 대상에게 싫증과 무력감을 느끼고 온 아이들이지만 그래도 부모보다는 교사를 공경할 수 있음에도 공경할 기회조차 차단될 때가 많다.

지금까지 청소년의 마음 상태를 살펴보았다. 이들은 우상이 사라지고 첫사랑이 떠나가고 자신의 존재감이 위협되는 삼중의 스트레스에 갇혀 있다. 어른이 되어도 스트레스가 적어지는 것은 아니지만 그래도 성인은 사라진 우상은 안 보면 그만이고 떠나간 첫사랑이나 존재감이 위협받는 환경은 다른 사람이나 환경으로 대체할 수 있다. 하지만 청소년은 폐쇄적인 시공간에 묶여 옴짝달싹할 수 없다. 스트레스에 대응하기에는 최악의 환경이다. 그러니 '나는 소중하지 않다'는 왜곡된 정체성을 가질 지경에 이르렀다. 이런 선행사건들로 인해 부정적인 호르몬이 유발됨에도 어른들은 호르몬 탓으로만 돌리다 보니 '우리가 할 수 있는 일이 없다'는 인식을 갖게 되었다.

이 단락을 여기서 끝맺기에는 마음이 무겁지만 다음 장에서 좀 더 얘기하기로 하고 일단 마무리하겠다. 청소년은 너무도 '인간스러운' 존재들이다. 인간스럽다는 뜻은 따뜻하고 정 많고 휴머니스틱하다는 뜻의 '인간적인'과 다른 의미이다. 말 그대로 인간의 모습을 그대로 갖추었다는 뜻이다. 인간의 완성체인 성인이 겪어온 장점과 단점을 고스란히 물려받아 여지없이 드러내는 것뿐인데 이상하게 우리 눈에 거슬린다. 청소년은 우리가 버리고 온 고향의 순이들이다. 성공하겠다고 고향을 등지고 떠나는 우리를 기차역에서 하염없이 바라보던 갈래머리 소녀. 우리는 기필코 성공해서 순이를 찾아오겠다고 했지만 성공을 해서인지, 아니 못해서인지 분주하고 혼란에만 빠져 사랑의 맹세를 잊어버렸다. 어느 날 순이는 입술을 빨갛게 칠한 채 우리 앞에 나타났다. 잊어버리고 싶었던 과거의 내 모습을 그대로 빼다 박은 촌스러운 순이를 보는 순간 화가 치밀어 오른다. 자신들이 과거에 잘못 살았던 대로 아이들도 똑같이 할 것을 본능적으로 알기에, 아는 만큼 더 화가 나고 그들을 옥죄인다. 순이는 촌스러운 죄밖에 없고 그 아이가 그렇게 되도록 방치한 사람이 먼저 책임을 져야 함에도 말이다.

독자들은 나태주 시인이 쓴 "자세히 보아야 예쁘다. 오래 보아야 사랑스럽다. 너도 그렇다"는 시구를 한번쯤 읽어보았을 것이다. 나는 이 시의 '너'에 청소년만큼 맞는 대상도 없다고 생각한다. 청소년, 오래 보아야 예쁘다. 번데기인 동안 잠시 흉한 모습을 보이기도 하지만 때가 되면 반드시 아름다운 나비가 된다. 그러니 단 한 명도 비상도 하기 전에 날개를 접지 않도록 지혜를 모아보자.

일단, 스트레스에 찌들어 있는 청소년들의 입장을 요약해보고 다음으로 넘어가자.

청소년: "내가 못된 알이라고 칩시다. 그런데 이렇게 된 게, 닭이 먼저요, 달걀이

124

먼저요?"

이제 그들은 동굴 앞에 있는 부모에게 암호를 대라고 한다.

부모: (아이가 얄밉지만) 닭이 먼저다⋯. (할 말이 없어서 눈만 껌벅임.)

# 2장

# 새 지도는 새 탐험대장에게 :
# 권한부여 교육

청소년 문제를 해결하기 위해 그동안 부모, 교사, 청소년 전문가, 교육감, 교육부장관, 대통령까지 수많은 부류의 사람들이 노력했음에도 큰 효과가 없었다는 것은 청소년 불행감지수가 여전히 세계 1위권이라는 데서 단적으로 드러난다. 하나 남은 부류가 있다. 바로 청소년들이다. 이제 그만 그들에게 직접 물어보는 게 어떨까. 지도가 바뀌었다면 탐험대장은 그 지도를 잘 아는 사람이 하는 게 맞지 않겠는가. 새 탐험대장에게 물어보자. 너희들의 문제를 해결하려면 어떻게 하면 좋겠냐고 토론을 해보자.

앞에서 언급한 청소년의 스트레스 소인 중 아이들과 토론하지 못할 것이 있을까?

- 우상이 무너졌을 때 어떻게 살아야 하나?
- 친구가 나쁜 행동을 했을 때 어떻게 해야 하나?
- 선생님에게 실망했을 때 어떻게 해야 하나?
- 학교 가기 싫을 때 어떻게 하나?
- 점심을 같이 먹을 친구가 없으면 어떻게 하나?
- 친구가 식당에서 혼자 떨어져 앉아 있을 때 어떻게 하는 게 좋은가?
- 마음이 맞지 않는 친구와 팀 과제를 해야 할 때 어떻게 해야 하나?

토론하지 못할 것이 하나도 없다. '우상이 무너졌을 때' '선생님에게 실망했을 때'처럼 뚜렷한 결론을 내리지 못하는 경우도 물론 있다. 하지만 이런 문제는 성인이 되어도 쉽게 결론을 내리지 못한다. 우리도 결론 내리지 못했다고 말하면 그들이 우리를 무식하다고 할까. 아니, 자신을 어른 대접해준다고 좋아할 것이니 부담 가질 필요가 없다. 더욱이, 결론을 못 내려도 얘기를 하는 것만으로도 얼마나 속이 편해지는지 우리는 알고 있다. 무엇보다도, 어떤 문제에 대해 생각이라도 한다는 것은 자신의 존재감을 갖는 데 매우 중요하다. "나는 생각한다, 고로 존재한다"고 데카르트 할아버지가 말씀하지 않으셨는가. 하물며 친구들과 같이 생각할 때, 더 나아가 자신의 의견이 수용되거나 의문에 답을 얻을 때라면 존재감은 더욱 커질 것이다. 이거야말로 전두엽 친화적 환경이다.

'청소년에게 물어보기 교육'이라고 하면 멋스럽지도 않고 의사소통에도 문제가 있으니 용어 하나를 정해보자. '권한부여 교육'이다. 이 용어는 대니얼 J. 시겔의 책《십대의 두뇌는 희망이다》에서 따왔다. 시겔은 사랑을 주고 적절한 한계를 설정하며 나이에 적합하게 자율성을 존중해주는 방식으로 권한부여 양육법을 제안했다. 그의 제안대로, 청소년들에게 적절한 한계는 설정하되 자율성을 최대한 줘보자. 권한부여 교육은 권한부여와 교육의 합성어이다. 청소년으로 하여금 토론을 통해 결론을 도출하게 하는 것이 전자에 해당하는 것이고 부모와 교사가 그렇게 내려진 결론을 첨삭 지도하는 것이 후자에 해당한다. 때로는 아주 강력한 지도가 필요할 수 있다. 청소년들이 내린 결론을 교육적으로나 윤리적으로나 수용할 수 없는 경우처럼 말이다. 또한 기성세대의 규칙이 맘에 들지 않더라도 '악법도 법'이라는 민주사회에서의 실정법을 수용하도록 하면서 너희들이 어른이 됐을 때 세상을 바꾸라고 설득해야 하는 경우도 있을 것이다.

어드벤처 영화를 보면 우주를 탐색하든 바닷속을 개척하든 주인공은 잘생긴 젊은이들이다. 하지만 이들만 나오면 영화 상영 중반에 관객들이 나가버린다. 계속 갈등만 하고 문제만 커져 피곤해지기 때문이다. 영화의 주인공들이 현장에서 고군분투할 때 지구에서는 반백의 신사 혹은 숙녀가 깔끔한 연구실에서 그들의 활약을 스크린으로 지켜보고 있다가 커피나 마시면서 딱 한 마디 한다. "방향을 틀라." "구조대는 즉각 출동하라." "전속력으로 지구로 복귀하라." 두두둥두둥. 이윽고 문제를 해결한 젊은이들은 포옹하고 키스하며 자신들이 지구를 구했다고 자화자찬한다. 그러거나 말거나 반백의 신사 숙녀는 공로를 치하받을 생각 따위는 아예 없고 역시나 커피 잔을 입에 대고 지구의 끝을 바라본다. '오늘도 지구를 구했구나' 하면서 말이다. 이 세련된 노장들은 보는 듯 안 보는 듯 늘 젊은이들을 눈여겨보며 결정적인 순간에 도움을 제공하고 끝까지 지구를 책임진다는 공통점이 있다. 이런 초연하고 세련된 캐릭터를 잘 살려야 하니 짧은 분량이라도 상당한 연기력을 갖춘 대배우가 이 역할을 하곤 한다. 어른들은 후방 백업을 하는 대배우처럼 행동하고, 젊은이들은 말 그대로 젊은이답게 그들의 세계를 활보하도록 해주는 것, 내가 생각하는 권한부여 교육의 영화적 이미지이다.

## 권한부여의 가상 시나리오: 교복 페스티벌

앞의 에피소드에 등장했던 교복 문제로 돌아가, 그토록 많은 학생들이 교복을 줄인다는 것을 뻔히 알면서도 왜 학교에서는 하나의 기준만 고집하는지 생각해볼 필요가 있다. 아이들이 못 지킬 줄 뻔히 알면서 일단 기준을 제시하고 기준을 못 지키면 벌을 주고 '나쁜 아이로' 도장 찍는다? 다른 곳은 몰라도 교육 현장에서는 일어나선 안 될 일이다. 물론 교육의 장기적인 큰 틀에서는 '지키기 싫어도 지켜야 하는' 준법정신의 함양이 반드시 필요하다. 하지만 지키기 싫어도 지켜야 할 것이 산더미라면 아이들은 배움 이전에 질식당하고 오히려 반발을 하게 된다. 숨 쉴 여지를 만들어주는 게 백번 이롭다. 교복 디자인을 결정하는 것은 아이들에게 권한을 부여하기에 무리 없는 주제라고 생각한다. 학교가 교복 디자인을 반드시 정해야 할까? 꼭 그래야 할까? 처음부터 아예 짧게 만들든지 치마바지를 만들든지 다양한 방법이 있을 것이다. 아이들에게 물어보면 기상천외한 답을 얻을 수 있다. 아이들이 수십 가지 디자인을 생각했는데 현실적으로 만들기 어려워 학교가 생각했던 원래의 디자인으로 돌아간다 해도 그 디자인은 똑같은 것이 아니다. 아이들의 생각과 감정, 영혼이 담기게 되어 아이들은 그 교복을 사랑할 것이며 수선은 생각도 하지 않을 것이다.

우리는 이미 다 잊었지만, 초등학교를 졸업한 후 중학교에 입학하는 아이들의 어깨가 얼마나 무겁고 심장은 또 얼마나 조이는가. 그런 아이들에게 "중학교는 멋진 곳이다, 너희들에게 많은 선택권을 준단다" 하면서 교복 선택권부터 주면 어떨까 싶다. 아예 교복 고르기를 축제로 만들면 어떨지. 입학 전 오리엔테이션에서 교복 샘플 다섯 개 정도를 마네킹에 입혀 아이들로 하여금 마음에 드는 샘플에 스티커를 붙이게 한다. 교복 회사에서 샘플을 다섯 개씩이나 줄 수 없다고 하면 신진 젊은이들의 작품도 공모한다. 다시 날을 잡아 최대 표를 얻은 교복을 아이들이 입고 모델처럼 워킹을 한다. 모델들은 2학년 선배들이 하면 좋겠다. 키가 크거나 작은 아이, 마르거나 통통한 아이, 다리가 길거나 짧은 아이, 허리가 길거나 짧은 아이들을 다양하게 섞어 그들의 치마 길이를 보면서 자신의 체형에 맞는 치마 길이를 가늠하게 한다. 그러면 '무조건 무릎에서 30센티미터 위'라는 치마 길이에 대한 환상이 없어질 것이다. 모델 하기를 부담스러워한다면 모든 모델들에게 멋진 복면을 씌우자. 워킹이 끝난 후 치마 길이를 투표하고 이후로는 더 이상 수선을 안 하기로 결의하도록 한다. 생각만 해도 신나는 일이 아닐 수 없다. 가상으로 생각해본 것이지만 정말 이런 축제로 중학교 생활을 시작한다면 학생들은 학교에 오고 싶어서 안달이 날 것이다. 교복뿐 아니라 다른 규범들에 대해서도 학생들에게 권한을 부여한다면 월요일 아침 일찍 등교한 아이들이 교문을 두드리며 빨리 문을 열어달라고 할 것이다.

결의한 것을 지키지 않는다면? 벌칙을 만들지, 어떤 벌칙을 받을지도 아이들이 정하도록 하자. 아이들은 자신들이 정한 것을 지키려고 한다. 이 시기에는 친구의 시선이 가장 무섭기 때문이다. 독일에서 태어나 독일과 한국을 오가며 성장했지만 남다른 외모와 성격 때문에 양국에서 아웃사이더로 지냈다는 뇌과학자 장동선 박사의 책《뇌 속에 또 다른 뇌가 있다》에 실린 얘기를 들어보자. 그는 학창 시절에 별명이 '자유인'이었다고 한다. 학교 규정을 무시하고 자신이 하고 싶은 대로 살았기 때문이란다. 체벌도 소용없었기에 학교에서는 아예 손을 놓고 있었다. 그가 한국에서 고등학교 졸업반이 되었을 때, 당구대를 가지고 호되게 벌을 내리는, 엄하기로 소문난 선생님이 담임을 맡으면서 학생들은 담임과 그 사이에 막판 대결이 벌어질 것이라고 기대했다고 한다. 그런데 담임은 학기가 시작되자 그를 불러 "너에게 아무리 엄한 벌을 내려도 소용이 없다는 걸 나도 알고 있다. 그렇다고 누군가가 반 분위기를 망치는 것도 안 되겠지. 약속하마. 난 너에게 끝까지 벌을 내리지 않겠다. 나는 널 전적으로 믿을 터이고 또 네가 최선을 다하기를 기대한다"고만 말했다는 것이다. 이후 같은 반 친구들이 규정을 어기면 심한 벌을 받았지만 자신은 벌을 받지 않게 되었는데 그런 선생님의 태도는 그 어떤 벌보다 효과가 있었다고 한다. 같은 행동을 했는데 친구들은 벌을 받고 자신만 아무렇지 않게 빠져나오는 것을 견딜 수 없게 되어 결국 얼마 후부터는 반항적인 행동을 차마 더 하지 못하게 되었다는 것이다. 그는 자신에게 무한 신뢰를 준 선생님에 대한 고마움으로 글의 끝을 맺었지만 나는 조금 다른 시각에서 그의 글을 읽었다. 청소년을 변화시키는 것은 같은 청소년이라는 점이다. 부모와 교사가 아무리 야단을 쳐도 꿈적 않던 아이들이 친구의 싸늘한 시선에는 변화를 모색한다. 장동선 박사의 담임선생님은 그것을 간파했던, 참으로 지혜로운 분이셨지 싶다.

청소년은 한 아이만 모범적으로 키워서는 소용이 없다. 친구들과 같이 크기 때문이다. 친구들이 대체로 건강하면 한 아이도 건강해지고 한 아이가 병들어 있으면 친구들도 병들게 된다. 이이제이以夷制夷, 오랑캐로 오랑캐를 친다는 것처럼, 청소년 문제는 청소년을 이용해서 풀어야 한다(청소년을 오랑캐에 비유해서 미안하다). 요점은, 토론을 통해 자신들의 눈높이에서 합의에 달한 내용들이라면 아이들은 지키게 되어 있다. 여전히 미심쩍더라도 일단 해봐야 안다. 지금까지 수많은 방법이 동원되었어도 실패했으니 더 무서울 것도, 부담스러울 것도 없지 않은가. 권한만 부여하자는 것도 아니고 권한부여 교육을 하자는 것이니 우려할 만한 문제를 충분히 방지할 수 있다.

## 권한부여의 실제

권한부여 교육이 이론에서만 끝날 거라면 기존의 학교 교육과 다를 게 없다. 활어회처럼 팔딱팔딱 숨 쉬는 주제들을 다루어야 효과가 있다. 오늘 하루를 무사히 보내는 문제부터 다루면 어떨까? 스트레스에 대처할 수 있는 방법들, 사회생활을 잘하기 위한 생활예절, 자신의 몸을 지키기 위한 기본 대응법 등 소재와 주제만으로도 책 한 권 분량이 넘어간다. 다음 내용은 고등학생 기준으로 제시해본 것이며 초등학생, 중학생에 따라 내용이 달라질 것이다.

- 친구를 때리면 왜 안 되는가?
- 친구에게 맞았다면 어떻게 해야 하는가?
- 화가 날 때는 어떻게 하면 좋은가?
- 술 담배를 하면 어떤 일이 벌어지는가?
- 학교 규칙을 지켜야 하는가?
- 규칙을 지키지 않는 아이들에게 어떻게 하면 좋은가?
- 고등학생이 차를 몰면 왜 안 되나?
- 섹스에 대해 얼마큼 알고 있는가?
- 미성년이 임신을 하면 어떤 일이 벌어지는가? 혹시라도 그런 일이 발생한다면 어떻게 도움을 받을 수 있는가?

- 전등이 고장 났을 때 어떻게 해야 하나?

- 외출했다가 지갑을 잃어버려 차비도 없다면 어떻게 해야 하나?

- 층간소음은 왜 문제가 되는가?

- 근로기준법은 무엇인가?

- 알바비를 못 받으면 어떻게 해야 하는가?

이런 문제에 대해 어른들이 정해놓은 답을 제시하지 말고 청소년들이 먼저 조사연구를 하여 결론을 내게 해보자. 어른들은 그 결론의 허점을 지적하고 현실적인 방안을 지도하며 필요시에는 청소년들에게 시뮬레이션을 통해 숙지하게 한다. 특히 청소년의 하루 일과와 밀접한 관계가 있는 현실적인 지침을 만들 때는 정말 최대한 청소년에게 권한을 부여하자. 예를 들어, 지각하면 안 된다는 것은 학교가 정하지만 지각 시간을 몇 시로 할지, 지각하면 어떻게 할지 등에 대해서는 학생들이 정하게끔 해보자.

일부 학교에서 생존용 수영을 가르치듯이, 생존용 철학이나 생존용 인문학이 필요하다. 물가만 위험한 것이 아니다. 교실이라는 생태계 자체가 정글이다. 나는 같이 갈 친구가 없어서 밥을 굶기도 한다는 청소년들을 상담을 통해 많이 봐서 그런지 급식문제만 나오면 흥분을 한다. 공부야 포기해도 그만이지만 점심을 굶은 채로 학교에서 8시간을 버티는 건 생존이 걸린 문제이다.

그러니 생존용 인문학이 필요하다는 것이다. 그냥 "같이 먹어라, 혼자 있는 친구 챙겨라" 같은 훈시로는 청소년에게 먹히지 않는다. '급식과 우정(친구와 다투어서 밥을 같이 먹기 싫다. 어떻게 해야 하는가?)' '급식과 개인주의(밥을 혼자서 먹으면 문제가 되는가?)' 등 아이들이 매료될 만한 세련된 주제로 바꾸어 아이들 스스로 입장 바꿔 생각하게끔 해야 한다. 급식체만 쓰던 아이들이 확연히 달라진다.

급식보다 더 가혹한 생존 문제도 수두룩하다. 친구와의 싸움이 커져 한 아이는 잘못되면 강제로 전학가거나 심지어 자퇴를 하거나 소년원으로 가고, 다른 아이는 잘못되면 자살까지 시도한다. 인생의 갈림길이 이토록 어린 나이에 정해진다는 것이 너무도 참담하다. 고등학생 중에 조폭 뺨칠 정도로 무서운 아이들이 분명 있다. 그들은 중학교 때부터 그랬을까? 몇 명은 그때부터 그랬을 것이다. 그렇다면 그들은 초등학교 때부터 그랬을까? 한두 명은 그랬을 것이다. 또 그렇다면 초등학교 1학년 때부터 그랬을까? 절대 아닐 것이다. 그 나이 때는 모두 통제가 가능했고 부모와 교사의 말을 따랐다. 유치원 교사들이 가끔 인터넷에 아이들의 기특한 행동을 올릴 때가 있는데 유치원에서 차로 40분 거리에 살고 있는 6세 남자아이의 사례가 참으로 뭉클했다. 어느 날 아침 맞벌이를 하는 부모님이 먼저 나가면서 아이 먹으라고 사과를 깎아놓았는데 이 아이가 40분 동안 차 타고 오는 내내 사과 두 쪽을 양손에 쥐고 와서 선생님 드시라고 했다는 것이다. 꼬질꼬질하게 땀으로 범벅된 사과였지만 그 마음에 너무 감동을 받아 선생님이 아주 맛있다는 듯이 먹었다고 한다. 한때 이토록 사랑스러웠던 그들의 마음이 어긋난 것은 언제부터였을까? 그 언제로 돌아가 이런저런 고민들에 대해 얘기하고 결론을 내어보고 해결책을 실천해보았을 때도 그토록 무서운 고등학생이 될까? 반대로 심한 우울증에 걸릴까? 우리는 해볼 수 있는 일이 있다.

이 부분을 쓰고 있는 2018년 5월 현재, 다음 달로 다가온 지방선거를 앞두고 청소년 참정권 부여에 관한 기사가 심심찮게 눈에 띈다. 여당과 야당은 어떻게 하는 것이 표를 얻기에 유리한지 한창 저울질하고 있는 것 같다. 참정권을 줘야 한다는 측은 선진국들은 18세나 그보다 낮은 연령에 선거를 한다는 사례를 제시하고 반대하는 측은 청소년은 육체적·정신적으로 미성숙하기 때문에 정치적 선택권을 주면 안 된다는 주장을 하는 모양이다. 두 측 모두 핵심을 놓치고 있다고 생각한다. 선진국이 하니 우리도 해야 한다고 할 게 아니라 선진국이 무엇을 하는지 봐야 한다. 선진국에서는 어려서부터 토론 수업을 하니 정책에 대한 이해도 빠르고 현명한 결정을 내리는 연습도 많이 해보게 된다. 참정권을 주어도 된다는 말이다. 반대로, 정신적으로 미숙하다는 주장에 대해서는, 사고가 성숙할 기회 자체를 주지 않았으니 미숙하네, 성숙하네 말할 근거가 없다. 정말 미숙한지, 성숙하게 행동할수 있는지 기회를 줘봐야 안다. 수년간 방송되는 청소년 퀴즈 프로그램에 출연한 학생들을 보거나 청소년들이 쓴 수필을 읽어본다면 절대로 미숙하다고 말하지 못할 것이다. 선진국의 아이들이참정권을 가질 정도로 성숙하다니 우리 애들이라고 왜 못하겠는가. 머리라면 세계 최고권인데 말이다.

한국의 교육 현장에는 사교육 콤플렉스가 있는 듯하다. 아이들은 지식의 전달 측면에서는 학원을 훨씬 더 쳐준다. 사법고시만큼 어렵다는 임용고시를 통과한 교사들이 왜 이런 평가를 받는 것일까? 개인의 실력 문제라기보다는 시스템의 문제라고 보는 것이 타당할 듯하다. 학교 선생님은 수업뿐만 아니라 온갖 행정 업무까지 해야 하는 반면 학원 선생님은 오로지 수업만 신경쓰는데도 수업 1시간 수입이 학교 교사의 몇 배, 심지어 몇십 배더 많고 조교들까지 도와준다. 이러니 학과목에서는 공정한 비교자체가 무의미하다.

한국의 교육제도가 제정신을 차리지 않는 한 사교육이 없어지기란 요원해 보이니 차라리 사교육이 따라할 수 없는 부분에서수월성을 가지면 어떨까 싶다. 국어, 영어, 수학 등의 지식 전달을 넘어서 인간학, 행복학, 생활과학을 중점적으로 가르치는 것이다. 이론이 아닌 실제로, 일방적 전달이 아니라 쌍방수업으로. 실제와 쌍방, 이것만으로도 공교육은 그 역할을 충분히 다할 수 있다. 이것은 매우 절박한 요청이기도 하다. 핵가족화로 인해 가정에서 아이들의 생활을 지도해줄 사람들이 절대적으로 부족하다 보니 믿기지 않을 정도로 많은 아이들이 도저히 납득할 수 없는 수준에서 너무 일찍부터 무너지고 있다. 공교육이 이 틈을 메워주기를 간절히 바라는 마음이다. 그래도 공교육밖에 없다. 모든 것이 무너지는 세상에서 공교육은 아침 8시 40분에 수업 준비종을 울리고 50분마다 또 종을 울린다. 아이들은 아침에 학교에 오고 오후에 나간다. 확실한 것이 점점 없어지는 세상에서 그나마 규칙적으로 가동되는 현장이며 그나마 청소년들이 친구들의 마력에 빠져 마음 붙이는 곳이다. 멍석은 깔려져 있다. 아이들은 여기에서 8시간을 보낸다. 친구들의 마력이 세다 해도 그것만으로 8시간을 버티지는 못한다. 배움에 대한 근본적인 갈망과 즐거움이 있기에 버티는 것이다.

하루 8시간씩 3년 혹은 6년의 시간은 기적을 일으키기에 충분한 배움의 시간이다. 하루 1시간, 심지어 1주일에 1시간의 배움만으로도 어떤 아이에게는 인생의 터닝포인트가 된다. 그리고 한 아이의 터닝포인트는 그 한 명에서 끝나는 게 아니라 많은 아이들의 터닝포인트로 연결된다. 나비효과가 나타나는 것이다. 청소년 세계에서는 나비효과가 유난히 빠르다. 모방과 추종의 힘이 세기 때문이다.


## 권한부여의 매직: 한 아이 한 아이가 소중해지다

1부 마지막에 썼던 유찬이의 사례에서 덧붙일 얘기가 하나 더 있다. 앞에서도 썼듯이, 나는 유찬이가 교실에 들어가기로 약속한 후 담임선생님께 친구들과 자연스럽게 어울릴 수 있도록 학급회의를 해달라고 요청했다. 아무리 교사들이 편의를 봐주어도 현장의 성패는 현장의 실세들 손에 달려 있기 때문이다. 담임선생님이 추가로 해주신 얘기를 지금 하려고 한다.

그때 선생님은 솔직히 부담스러웠다고 한다. 유찬이가 교실에 안 들어올 때는 들어오기만을 바랐는데 막상 내일부터 들어온다니 어떻게 해야 다시 예전 모습으로 돌아가지 않을지, 반 아이들이 유찬이를 따돌리지나 않을지 마음이 무거웠고 자치회의 때 의논을 한들 아이들이 뾰족한 방법을 찾을 리도 없을 거라고 걱정이 되었다. 그런데 회의 때 유찬이 문제를 안건으로 올리자마자 수업 시간에 늘 졸던 아이들까지도 눈을 반짝이면서 경청했다고 한다. 아이들은 모두 유찬이를 알고 있었고 자기네들도 힘든 게 많지만 유찬이는 정말 해도 해도 너무 힘들게 산다는 의식을 공유하고 있었다. 유찬이가 교실에 들어오는 첫날은 누구도 8시 전에 등교하지 말고 들어와서도 자연스럽게 신경 쓰지 말자는 안에 대부분의 아이들이 고개를 끄덕여 채택되었고 수업 시간에 유찬이가 만화책을 보거나 음악을 듣는 것도 모른 척해주자고 의견이 모아졌다. 심지어 시험을 볼 때 유찬이만 커닝을 하게 하자는 우스갯소리도 나왔다. 의외로 어려웠던 게 급식 문제였다. 혼자서 밥을 먹어도 모른 척하자, 반장이 같이 먹어라, 돌아가면서 한 사람씩 같이 먹자 등 많은 안이 나왔지만 장단점이 하나씩 있어서 쉽게 결론을 내리지 못하고 있었다. 그때 한 아이가 "다 필요 없고 반장이랑 남자애들 몇 명이 어깨 끼고 같이 데려가면 돼. 식당에서는 걔 쳐다보지 말고 막 떠들면서 먹고 교실에 올라올 때 또 끼고 올라오면 돼"라고 말했다. 그 안이 채택되어 다음 날 유찬이는 식당에 납치되듯이 끌려간 거였는데 실제로 유찬이가 그때 막 웃으면서 끌려가 이 아이의 생각이 옳았다는 것이 여실히 드러났다.

권한을 부여받은 아이들이 얼마나 싱그럽게 문제를 해결하는지 보라. 어른들은 그렇게 발칙하면서도 산뜻하게 문제를 해결하지 못할 것이다. 그야말로 쾌도난마였다. 만약 교사가 "내일부터 유찬이 들어올 거니까 못살게 굴지 말고 잘해줘라. 걔 건드리는 거 걸리면 가만 안 둔다"며 일방적으로 지시를 내렸어도 이렇게 멋진 결과를 얻을 수 있었을까? 예상컨대, 몇 명은 유찬이를 건드리고 몇 명은 개무시하여 결국 유찬이는 하루 이틀 만에 다시 원점으로 돌아갔을 것이다. 교장선생님과 교사들이 아무리 노력해도 소용이 없는 것이다. 권한이 부여됐을 때 졸던 눈을 뜨고 자신의 처지나 불편함을 잠시 내려놓고 대의를 생각하여 친구를 돕는 그 선한 변화를 보라. 선생님이 추가로 하신 말이 있다. 급식 안을 냈던 아이는 소위 '문제학생'이었다는 것이다. "하지만 흔히 말하는 범생이가 아니다 보니 유찬이같이 평범하지 않은 아이를 대번에 이해하고 대쪽 같은 해결책을 내놓은 게 아닌가 생각되더라고요. 내가 얘한테 이렇게 도움을 다 받는구나, 정말 세상에 버릴 애가 하나도 없다는 것을 새삼 깨달았네요"라던 선생님의 말이 아직도 기억난다.

나는 확신한다. 학교 수업이 토론 형식으로 바뀔 때 숨어 있던 인재들과 눈빛이 꺼져가던 매력덩이들과 재간둥이들이 우수수 발견될 거라는 걸. 그야말로 한 아이 한 아이가 소중해질 거라는 걸. 그 아이들은 국영수의 거드름에 굴복하여 전의를 상실하고 있던 차에 뒤늦게 자신의 자질을 깨닫고 희망을 갖게 될 것이다. 학교가 이런 곳이 된다면 학교에 오지 못하도록 하는 게 오히려 벌이 될 것이다.

참으로 꿈같은 얘기지만 실제로 이런 일이 벌어지는 곳이 지구상에 있다. 영국에 있는, 90여 년의 역사를 가진 대안학교인 서머힐학교이다. 1부에서 언급했던 〈학교란 무엇인가〉 프로그램에서도 이 학교를 자세히 소개한 바 있는데, 다양한 연령대의 학생들이 있는 이 학교에서는 모든 것을 아이들이 결정하며 시험, 숙제, 성적표가 없다. 자치규율도 전교생이 함께 정하는데 '무엇을 입을지, 먹을지, 할지는 마음대로 고를 수 있지만 한밤중에 피아노를 칠 수는 없다' '6~9세 아이들은 너도밤나무를 올라갈 수 없다' '6~9세 아이들은 그네를 타는 데 우선권을 가진다'와 같은 230여 가지의 규칙과 벌칙이 있다. 그 벌칙 중 하나가 '밤에 몰래 시내로 나가면 1주일 동안 집으로 보내질 수 있다'이다. 얼마나 학교가 좋으면 이런 벌칙을 만들었을지 그저 부럽기만 하다. 이토록 자유로운데도 일반학교 아이들이 8년에 걸쳐 배우는 것을 2년 만에 해내며 대학 입학시험에서 좋은 성적을 낸다고 하니 아무리 좋은 프로그램이라도 대학 진학에 도움이 안 되면 도외시되는 한국에서도 충분히 시도해볼 만하다고 생각한다. 다행히 우리나라에서도 서머힐 같은 학풍과 훌륭한 성과를 보이는 학교들이 심심찮게 보도되고 있는바 이 학교들에서의 경험을 토대로 현실적인 시행착오를 최소화할 수 있을 거라고 생각한다.

서머힐의 교육이념은 '아이 중심, 경험 중심, 행복 중심'이다.

단어만 들어도 엄마 미소가 저절로 나온다. 이런 교육이념을 가진 학교라면 한 아이 한 아이가 소중해질 수밖에 없을 것 같다. 나는 자꾸만 자꾸만 이 교육이념이 부럽다. 아주 명쾌하여 아이들을 어떻게 지도할지 방향이 선명하게 보인다. 이런 목표에서라면 수학시험이 시작된 지 5분 만에 책상에 엎드려 잠을 청하는 '수포자(수학포기자)'들이 안 나올 것만 같다. 교육 현장을 잘 모르는 학부모의 단순한 환상일까? 내가 시험 감독으로 들어갔던 일반 고등학교의 한 학급에서는 30명 중 25명이 시험 시작 5분 만에 엎어졌다. 학교에서 가르치는 교과목 자체가 환상을 넘어 환장의 수준인데, 부모의 환상만 새삼 문제일까? 이 환장할 노릇이 선진국에서도 일어난다면 조금 위로가 될까? 프랑스의 스타 지식인인 이드리스 아베르칸은 자신의 책《뇌를 해방하라》에서 수학을 소화하지 못하는 학생들을 '지적 사육을 당한다'면서 소화가 안 되어 배가 빵빵하게 부풀어 오른 재기발랄한 그림으로 표현했다.

　프랑스 아이들에게처럼 수학이 소화불량제가 되느니 차라리 우리 아이들에게처럼 수면유도제가 되는 게 나을까? 단 5분 만에 잠들게 해드리는 신통방통 수면제가 여기 있습니다! 확실히 한국의 청소년들은 이런 면에서는 배짱이 있다. 아예 지적 사육당하기를 거부하니 말이다.

부모님들은 혹시 대한민국 교육법 1조를 들어보셨는지 모르겠다. 내용은 이렇다. "교육은 홍익인간의 이념 아래 모든 국민으로 하여금 인격을 완성하고 자주적인 생활 능력과 공민으로서의 자질을 구유하게 하여 민주 국가 발전에 봉사하며 인류 공영의 이상 실현에 기여하게 함을 목적으로 한다." 키워드를 뽑아보면 홍익인간, 인격 완성, 생활 능력, 공민의 자질, 민주 국가 발전, 인류 공영이다. 이토록 멋진 개념들로 구성된 목적을 갖고 있음에도 한국의 실제 교육 상황은 그저 입시 위주라는 사실을 아무도 부인할 수 없을 것이다. 어떤 것이든 필요에 의해 발생한 부분이 있으므로 한국의 교육 현장이 그런 모양새로 굳어졌다면 그 또한 나름의 가치가 있을 것이다. 학교 공부에 최선을 다하는 청소년은 결국 교육의 최종 목적에도 부합하는 모습을 보일 것이라고 생각한다. 다만, 지금 당장 공부에 최선을 다하지 못할 때, 더 솔직히 말해서 최선을 다할 수 없는 아이들은 어떻게 할 것인가? 이 아이들에게 그렇게 일찍 '포기'라는 단어를 알게 해서는 안 되지 않겠는가.

교육의 수단을 마스터하게 할 게 아니라 아예 교육의 본질로 접근하는 것이 하나의 해결방법일 것이다. 국영수를 거칠 필요 없이 바로 홍익인간이 되도록 하고 인격을 완성하게 하고 생활 능력과 공민의 자질을 키워주고 민주 국가 발전 혹은 인류 공영에 이바지하게끔 끌어주는 것이다. 경험 중심의 지도라면 더할 나위 없겠지만 지금까지 얘기해왔던 토론과 권한부여 방법만으로도 충분히 지도할 수 있다. 토론만으로 소크라테스는 플라톤을 키워냈고 플라톤은 다시 아리스토텔레스를 키워냈다. 그들의 이념과 철학이 아직도 지구 위를 덮고 있다.

한 아이 한 아이가 자신이 소중한 존재라는 것을 느끼며, 초중고 12년 동안 단 한 명의 스승에게라도 그분이 내 인생에 찾아온 '귀인'이라는 것을 알게 되어 "캡틴, 오 마이 캡틴!"이라는 헌사를 바칠 수 있다면 교육은 성공한 것이다. 아이의 개인적인 성공을 넘어 교사와 학교, 국가의 성공이 되는 것이다. 세간에서 말하는 성공만 성공이 아니다. 어제에 비해, 한 달 전에 비해, 1년 전에 비해 어떤 부분에서라도 성장했다면 성공한 것이다. 내게도 두 분의 캡틴이 있으셨다. 두 분은 나를 비롯한 모든 아이들에게 친절하셨고 한 아이 한 아이의 자질을 끄집어내주셨다. 엄격하셨지만 늘 용서하셨고 자주 웃으셨다. 한 반에 70명의 아이들이 있던 시절에 말이다. 그분들 덕분에 나는 애벌레티를 벗고 한 뼘 성장했고 내가 잘할 수 있는 것을 찾게 되면서 두 뼘 성장했다. 그리운 캡틴, 오 마이 캡틴!

## 가정에서의 권한부여

학교에서 권한부여 교육을 한다면 집에서는 권한부여 양육이 될 것이다. 집에서의 권한부여 또한 학교와 크게 다르지 않다. 다만, 학교와 환경이 다르기 때문에 좀 더 신경 써야 할 부분이 있다. 첫 번째, 학교에서는 담임선생님을 포함한 많은 교사들이 있어 아이가 담임과 잘 맞지 않는다 해도 상담교사, 교감, 교장 등을 거치며 몇 번 더 대화의 기회가 있다. 어떤 권한을 줄 것인지에 대해서도 다수의 전문가들에 힘입어 세련되면서도 교육적인 주제를 잡기가 용이하다. 반면 집에서는 부모가 유일한 어른이기 때문에 아이와 맞지 않으면 그대로 파국이 되어버릴 위험성이 있다. 또한 집안의 결정권자인 부모가 일방적으로 무엇을 권한부여할지 정함으로써 권한부여를 하자는 애초의 취지가 무색해질 수 있다. 두 번째, 학교에서는 친구들의 눈이 무서워서라도 자신이 지키겠다고 한 것을 지키려고 애쓰는 반면 집에서는 그런 압력집단, 혹은 지지집단이 없기 때문에 전체 과정이 흐물흐물해질 위험성이 있다. 형제가 있지만 엄연한 동지가 아니며 오히려 반목의 대상일 때가 더 많기 때문에 큰 도움이 안 된다. 따라서 권한부여 양육은 학교에서보다 훨씬 더 어려운 면이 있으며 이 부분을 잘 넘기는 것이 성패의 핵심이다. 따라서 가정에서는 '한계 설정'이라는 방법이 추가로 필요함을 먼저 말씀드린다. 뒤에서 다시 살펴보겠다.

## 권한부여 시동 걸기

권한부여 방법을 구체적으로 살펴보기 전에 우선은 모든 아이들에게 한 번이라도 던져야 할 질문이 있다. "너는 대학에 가고 싶니?"라는 질문이다. 이 질문을 해보자고 하는 것은 우리나라 아이들이 평균적으로는 중학교 1학년부터, 빠르면 초등학교 5학년부터 6~8년 후의 수능시계에 맞춰 살기 때문이다. 더 솔직히 말하면 자기들이 사는 게 아니라 부모가 그렇게 살게 하는 것이다. 부모가 일찌감치 아이가 '당연히' 대학교에 진학한다고 결정해놓고 그것을 이루기 위한 스펙 쌓기와 목적에 맞는 고등학교 진학계획을 세운 뒤 학원을 결정하여 아이에게 통보한다. '착하고 성실한' 아이는 부모의 계획을 한 치의 오차 없이 따르는 반면 '뭘 모르는' 아이는 부모와 계속 대치하기 시작한다. 작은따옴표 안의 평가는 객관적인 평가가 아니라 부모가 일방적으로 내리는 평가이다.

이 질문을 아이에게 하여 자신의 인생의 중요한 방향을 스스로 결정하도록 해보자. 질문만 하고 답은 이미 정해진 것으로 유도할 바에야 안 하는 게 낫다. 진심으로 아이에게 질문을 하시기 바란다. 아이와 부모의 미래가 달려 있기 때문이다. 이렇게까지 의미심장하게 말하는 이유는 '수능시계적 삶'에 한국에서는 유독 많은 돈이 들어가기 때문이다. 단순히 아이가 말을 안 듣는 것과는 다른 차원의 갈등이 벌어진다. 즉, 대학교 등록금과 그 전에 보내는 학원비가 전체 가계비에서 차지하는 비중이 압도적으로 높아 부모의 미래(노후)가 위태로울 것 같다는 걱정이 생긴다. 평균수명이 60대였고 대학에 보낸 자녀들이 부모의 노후를 책임졌던 옛날에는 아이를 뒷바라지해도 쌍방이 좋은 결과를 얻었다. 하지만 지금은 평균수명이 길어지고 그만큼 살아가는 데 돈이 더 필요하다. 자녀가 부모를 책임지는 시대가 아니기 때문에 부모가 자신의 미래를 저당 잡아 아이를 지원해도 기대에 미치지 못하는 결과가 나올 수 있다. 이때 부모는 상당히 심란해지며 이런 마음은 그대로 아이에게 화살처럼 꽂힌다. 내가 주목하는 것은 바로 이 부분이다. 청소년기 자녀에 대한 부정적인 감정이 가장 고조되는 부분이기 때문이다.

아이는 아이대로 억울하다. 시험 결과가 자신의 노력에 비례하지 않을 때가 많기 때문에 본인들도 미칠 지경이다. 아이의 억울함이 절대 변명이 아니라는 것을 한 고등학교 선생님의 양심고백을 통해 들어보자. 3년 전쯤에 수원의 어느 고등학교 선생님이 이런 말씀을 하신 적이 있다. (혹시라도 자녀가 아직 초등학생이어서 아래 내용을 이해하지 못하실까 봐 몇 개 용어를 먼저 설명드리겠다. '인서울'은 서울에 있는 대학을 말하며, '스카이'는 서울대, 연세대, 고려대를 말한다. '톱10' '톱20'은 인터넷을 치면 나오는데 그때그때마다 약간씩 다르다. '상위권, 중위권, 하위권'의 기준은 성적이 좋은 아이들이 상대적으로 많이 간다는 의미이며 절대적인 기준이 아니라 전적으로 현장에서 통용되는 용어임을 밝힌다.) "부모나 아이들이 가고 싶어 하는 '인서울' 대학 중 '스카이'를 포함한 '톱10' 대학교의 정원이 한 4만 명쯤 돼요. '톱20'까지 치고 지방 국립대, 기타 사관학교나 경찰대학교, 카이스트 등 특수대학교까지 포함했을 때 이 중 아이들이 선망하는 대학의 정원이 6~7만 명쯤 돼요. 60만 명이 넘는 수험생 중 10퍼센트만이 그나마 부모가 만족하는 대학에 갈 수 있다는 뜻이에요. 그런데 한국의 고등학교가 대략 2천 개라고 쳐봐요. 단순 계산으로 한 학교당 30명의 아이들이 '좋은' 대학교에 갈 수 있다는 것이죠. 하지만 이 계산은 전국의 학교를 다 고려한 것이고 서울의 강남구, 양천구, 노원구 같은 동네나 다른 대도시의 유명 학군에서는 한 학교당 훨씬 많은 아이들이 대학에 가기 때문에 학교당 30명의 비율이라는 건 사실 무색하죠. 이런 지역의 아이들이 대학 합격 비율이 높은 것에는 기업 수준의 사교육기관의 영향이 크다는 것은 이미 들으셨을 거예요. 문제는, 지방의 아무리 후진(?) 학교라 해도 전교생 중에 30명은, 심지어 50명까지도 진짜 공부 열심히 한단 말이죠. 내가 봐도 정말 토 나올 정도로, 얼굴에 핏기가 가실 정도로 열심히 해요. 그런데 원하는 대학에 갈 수가 없어요. 여러 가지 이유가 있겠지만 소위 '좋다'는 대학교의 정원 자체가 그곳에 가고자 하는 아이들에 비해 너무 적으니까요. 부모님들은 이런 현실을 전혀 모르고 그저 애들 닦달하고 학교 측에 서운하다고 해요. 우리도 미치겠습니다. 모든 학생들에게 미안하지만 '정독반'이라고, 공부 열심히 하는 아이들 모아놓고 독서실 제공하는 시스템이 있는데 이 아이들한테는 정말 미안해서 수능 후에는 얼굴 볼까 두려워 피해 다녀요. 열심히만 하면 길이 있다는 말을 해주면서 3년을 속인 셈이 되니까요. 노력이라면 원 없이 해본 애들도 자신의 생각과 달리 '상위권' 대학교에서 '중위권' 대학교로 밀리다 보니 성적이 조금이라도 더 낮은 아이들은 어쩔 수 없이 '중위권'에서 '하위권'으로 밀리는 거죠. 나는 정말 안 하고 싶은데 학교에서는 계속 나한테 고3 담임하래요. 고3 담임은 두 종류밖에 없는 것 같아요. 얼굴에 철판 깔리고 심장이 두껍거나, 머리 벗겨지고 소화 장애가 있거나. 저 보세요, 머리 벗겨졌잖아요."

과연 현장 전문가다운 명쾌한 진단이었다. 후유증이라면, 말씀은 명쾌한데 오히려 가슴이 답답해졌다는 것이다. 아무튼 이분의 말씀을 듣고 나는 그때까지 그 어떤 입시정보를 들었던 때보다 정신이 번쩍 들었으며 내 아이를 비롯하여 청소년들이 한

층 애틋하게 다가왔다. 이분이 말하셨던 '정독반 아이들'을 '자기 주도 학습자들'이라고 바꿔 부르면 이해하기 쉬울 것이다. 어느 학교에도 최소 30명에서 50명의 열정적인 자기주도 학습자들이 있기 마련인데 이 학생들조차도 자기가 원하는 대학에 다 갈 수 없다는 뜻이다. 즉, 자기주도 학습자만으로 '인서울'의 정원이 이미 찬다는 뜻이다. 동기가 거의 200퍼센트인 전교 30~50명의 자기주도 학습자들조차 자신의 꿈을 이루어가는 과정에서 본인의 노력과 무관하게 좌절하는데 하물며 동기까지 낮은 아이들은 훨씬 더 갈피를 잡기 힘들 것이다.

내가 지금까지 상담해왔거나 학교 강연 등을 통해 만나본 청소년들 모두 스트레스 1위로 입시제도를 뽑았다. 성적이 잘 나오든 안 나오든, 서울 강남권이든 강북권이든, 경기도권이든 대전권이든 전북권이든 예외가 없었다. 한 고등학교에서 30명의 여고생들과 대화를 한 적이 있다. 스트레스 1위는 역시나 현재의 입시제도라고 했다. 그런데 자유토론 형식의 대화를 했던 그날, 뜻밖에도 한국 저출산의 원인 하나를 듣게 되었다. 대부분의 여고생들이 결혼을 하지 않겠다고 했으며 그 이유는 "이렇게 힘들게 살면서도 희망이 보이지 않으니 내 아이를 이 나라에서 키우고 싶지 않다"는 것이었다. 심지어 "그래도 결혼해서 아이를 낳고 싶다"는 어떤 학생에게 "제정신이야? 생각이 없어?"라고 이

구동성으로 소리까지 질렀다. 고등학교에서 저출산의 원인을 엿보게 될 것이라곤 생각지도 못했다. 정치인들은 지금까지 아기 엄마들의 '경단녀' 현상, 육아 고충, 경제적 문제 등만 살펴보았지 뿌리가 이렇게까지 깊을 줄은 모를 것이다. 애를 낳겠다고 했다가는 정신이 모자라는 사람 취급을 받을 정도로 고등학생 때부터 미래를 잿빛으로 보고 있는데, 대다수가 자기 한 몸 지켜내기도 힘들다고 생각하고 있는데, 누가 누굴 키우고 보호하려는 생각이 들겠는가? 출산율을 높이려면 고등학교 아이들이 미래의 희망을 갖도록 하는 게 먼저라는 결론이 나온다.

아이들의 입시 스트레스가 대한민국의 미래를 흔들 정도로 힘들다는 말을 들어도 부모는 꿈적할 생각이 별로 없을 것이다. 왜일까? 이 답을 모르는 분은 없을 것이다. 하기 싫은 것도 견뎌야 사회에 나가서 살 수 있으니까. 하지만 목표가 옳다고 해서 힘든 과정을 끌고 가는 감정까지 막무가내로 강요할 수는 없는 것이다. 감정이 동하지 않으면 아무리 오랜 시간 책상에 앉아 있어도 좋은 결과가 나올 수 없다. 그러니 부모는 먼저 스스로에게 질문을 해봐야 한다. 우리 아이는 자기주도 학습자인가? 자기주도 학습이라고 하면 왠지 공부만 생각하게 되는데 학습은 교과목 공부에만 해당하는 것이 아니라 삶의 모든 영역에서 가능하다. 학교 공부는 좀 등한시하더라도 누가 시킨 것도 아닌데 유튜브에 올라오는 아이돌 댄스를 다 따라하면서 섭렵하거나, 자기가 좋아하는 가수가 새 앨범을 내놓을 때마다 하루 종일 따라 부르고 노래방에 가서 마스터하거나, 국어 교과서는 보기도 싫어하지만 300권 이상의 책을 읽었거나, 점심 후 축구는 반드시 하거나, 종교 활동을 열심히 하거나, 자원봉사를 열심히 한다면 그 아이는 자기주도 인생을 사는 것이다. 이런 아이들은 대학 진학과 무관하게 아주 즐겁고 행복하게 자신의 삶을 영위해간다. 믿어도 좋다.

반면 이런 활동과 달리 '자기주도 학습자'들, 특히 한국의 입시제도에 최적화된 학습자들은 좀 일찌감치 판명되는 경향이 있다. 이 아이들은 초등학교 때부터 수업에 집중하고 숙제는 꼭 해가며 도서관을 좋아하고 학원을 열심히 다니고 중학생만 되어도 혼자 독서실도 잘 다닌다. 1등을 해보겠다는 야망이 있으며 우수한 성적에 관련된 동경과 희열, 좌절의 맛을 안다. 우리 아이는 자기주도 학습자인가? 그렇다면 대학 입시 과정에서 부모와 갈등이 많지 않을 것이다. 부모가 결과보다 과정을 중시한다면 갈등은 더욱 없을 것이며 아이의 소진감만 다루어주면 된다.

우리 아이는 자기주도 인생을 살기는 하지만 공부에서는 아닌가? 혹은 아예 자기주도를 하지 못하는가? 그렇다면 대학 입시 과정에서 부모와 많이 부딪칠 것이다. 부딪칠 것이 예상된다고 해서 지원을 하지 말자는 말이 절대 아니라는 것을 강조, 또 강조

한다. 아이들은 변화무쌍할 뿐 아니라 뒤늦게 공부의 동기를 가지기도 하므로 섣부른 결정을 해서는 안 된다. '공신(공부의 신)'이라 불리는 학생들이 거의 대부분 중학교 3학년, 혹은 고등학교 2학년 때 철이 들었다고 간증하니 우리 아이도 충분히 그렇게 될 수 있다. 다만, 지금까지 공부에 매력을 찾지 못한 아이더러 갑자기 중학생이 되었으니, 혹은 고등학생이 되었으니 "제발 철 좀 들어라"라며 공부할 것을 명령하고 바람직한 결과가 나오지 않을 때 '의지박약자'로 단정해서는 안 된다는 것이다. 이런 아이들일수록 더욱더 스스로 철이 드는 과정이 먼저 있어야 한다. '대학에 가고 싶냐'는 질문을 해서 스스로 자신의 길을 '선택'하게 해야 한다. 이제부터 공부를 시작하면 된다는 것, 하지만 이 길에는 어려움이 있다는 것, 때로는 포기하고 싶은 마음도 생길 수 있다는 것, 하지만 우리 부모가 네가 어려움에 처할 때마다 도와줄 거라는 것, 공부가 잘 안 될 때는 그 해결방법을 반드시 찾아줄 거라는 것, 무엇보다도 너의 꿈을 기쁜 마음으로 지원하겠다는 것, 그러니 너도 네가 선택한 이 길을 끝까지 가보도록 노력해보겠냐는 것 등에 대해 마음을 열고 대화하면서 아이의 마음을 훈훈하게 덥혀주는 것이 대학 진학 준비의 시작이다.

이렇게 시작해도 막상 뚜껑이 열리면 허다한 실망감이 쌍방에게 든다. 부모도 거룩한 혼인서약을 하고서도 허다하게 실망하고 이혼하자는 말을 밥 먹듯이 하는 것처럼 이는 어쩔 수 없는 일이다. 그래도 질문해서 선택하고 결의하게 해야 한다. 스스로 선택해야 가치와 의미를 오래 지속할 수 있으며 감정적 대치도 최소화할 수 있다. 무엇보다도, 스스로 갖게 된 동기는 여간해서 꺾이지 않는다.

이 질문을 하기에 적합한 시기는 중학교 2학년 때라고 생각한다. 하지만 초등학교 5학년부터 대학 진학 준비를 시작하는 가정이라면 4학년 때 1차 토론을 해야 한다. 쏠쏠한 토론이 될지는 장담할 수 없다. 다만, 그토록 어린 나이에 스펙 쌓기를 시작하게 할 정도라면 적어도 아이가 지적인 면에서는 우수할 가능성이 있으므로 아이의 사고력을 믿어볼 수밖에 없겠다.

다시 한 번 말하자면 이 질문을 꼭 진정성 있게 하시기 바란다. 그러려면 부모가 선입견을 벗고 고등학교 이후의 진로 방향에 대해 최대한 객관적인 정보를 제시해야 한다. 아이가 선택하는 방향(궁극적으로는 직업이 되겠지만)의 장단점, 그 의미, 아이와의 적합성 등에 대해 아주 솔직하게 얘기해야 한다. 때에 따라서는 돈 문제도 솔직하게 오픈해야 한다.

## 권한부여할 수 있는 것과 없는 것

가정에서 아이에게 권한을 부여할 수 있는 것에는 어떤 것이 있을까? 또 할 수 없는 것에는 어떤 것이 있을까? 일상생활의 예를 통해 생각해보자. 내가 자주 가는, 공원 한 자락에 위치한 도서관이 있다. 이곳에는 작은 연못도 하나 있는데 수심은 80센티미터 정도로 얕으며 동아줄을 엮어 2단 울타리를 만들어놓았다. 수풀 속에 숨어 있는 물고기들이 가끔씩 나와 연못을 휘젓곤 한다. 하루는 다섯 살쯤 되어 보이는 남자아이와 엄마, 할머니 일행이 왔다. 연못을 한 바퀴 돌더니 엄마와 할머니는 바로 옆길로 나갔는데 아이는 울타리를 꼭 잡고 물고기가 나오기를 기다렸다. 먼저 간 엄마는 돌아와서 아이에게 빨리 가자고 했지만 아이는 연못에만 눈길을 준 채 꿈적도 하지 않았다. 엄마는 다시 갔다가 이번에는 3분 정도 후에 아이에게 왔다. 아마도 어딘가에 숨어서 아이가 위험하지 않은지 보고 있었을 것이다. 하지만 이번에도 아이는 안 가겠다고 했고 엄마는 "그럴 거면 너 혼자 있어. 엄마 간다" 하면서 빠이빠이 손을 흔들었는데 아이는 연못만 쳐다보며 엄마 쪽은 보지도 않은 채 손만 흔들었다. 5분 정도 후 다시 돌아온 엄마는 강제적으로 아이 손을 잡아끌었고 아이는 질질 끌려가며 "물고기, 물고기, 물고기 보고 싶어" 하며 울음을 터뜨렸다.

자, 질문을 드리겠다. 이 아이에게 연못에 계속 있으면서 물고기를 바라보도록 권한부여를 할 수 있는가? 답은 '있다'이다. 수심이 80센티미터라도 만에 하나 아이가 빠지게 되는 불상사가 일어날 수 있지만 울타리를 꼭 잡고 얌전히 서 있는 아이라면 그럴 가능성은 낮다. 그래도 걱정이 된다면 엄마가 멀찍이서 지켜 봐주고 있으면 된다. 지하철을 타러 온 것도 아니고 공원에 산책을 나왔다면 어차피 쉬러 나왔을 텐데, 30분 정도만 있어도 물고기가 나왔을 텐데, 아이에게 그 정도의 자율과 권한을 주지 못할 이유가 하나도 없다.

이번에는 다른 질문이다. 만약 이 아이가 울타리를 막 흔들면서 소리를 치거나 울타리 안으로 들어가려 하거나 옆에 서 있는 다른 아이를 때린다면 계속 그곳에 있도록 권한부여를 할 수 있는가? 답은 '없다'이다. 자신과 타인을 위험에 빠뜨리게 할 수 있는 상황에 있거나 그럴 위험성을 통제할 수 있는 능력이 부족하다면 권한을 부여할 수 없으며 상황이 바뀌거나 능력을 갖출 때까지 기다려야 한다. 당장 위험하게 하지는 않더라도 공공의 이익에 반하는 행동을 할 때도 마찬가지이다.

이 기준을 참고하여 어떤 부분에서 아이에게 권한을 부여할지 생각해보자. 아이와 가장 많이 부딪치는 부분을 떠올리면 쉽게 답을 찾을 수 있다. 학원에 갈 건지, 몇 시에 귀가할 건지, 게임을 몇 시간 할 건지 등 그동안 부모가 일방적으로 정했거나 아이와 갈등이 있었던 수많은 문제를 다시 점검해보자. 점검이 끝났으면 시간을 내어 아래 순서대로 실행해보자.

① 최근 1~2주, 혹은 한두 달 사이에 아이와 가장 많이 언쟁했던 문제를 종이에 적어본다.

② 그중에서 위의 기준, 자신과 타인을 위험에 빠뜨리게 하거나 공공의 이익을 해치거나 그럴 위험을 통제할 수 있는 능력이 의심되는 항목을 삭제한다. 판단이 잘되지 않을 때는 아이와 동일 연령대의 자녀가 있는 지인에게 물어보거나 인터넷 검색을 해보거나 배우자나 아이의 형제자매와 '넌지시' 의논해본다. '넌지시' 해야 하는 이유는 사전 현황 파악을 해야 하기 때문이다. 대놓고 확인하면 아이도 분위기를 알게 되어 섣불리 자신의 뜻대로 될 수도 있다는 희망을 갖게 될 수 있는데 그러다가 부모가 없던 일로 하면 오히려 사이가 악화될 수 있다.

③ 위에서 삭제된 나머지 항목(혹은 항목들)이 아이에게 권한부여할 수 있는 부분이다. 단, 권한부여를 한다 해도 어떤 문제는 100퍼센트 부여할 수 없는 것도 많다. 어느 정도 권한을 부여할지에 대해서는 1부에서 다루었던 토론을 통해 결정할 것이므로 토론 전에 부모의 기준선을 미리 잡아둔다.

④ 이제 아이와 대화를 할 차례이다. 중학생 기준으로 대화의 내용은 대충 이렇다. "그동안 너와 부딪쳤던 문제 때문에 사이가 안 좋아져 걱정이 돼. 우리는 네가 즐겁게 생활하고 또 우리와 잘 지내기를 바라. 우리는 이 문제에 대해 네게 어느 정도 권한을 줄 수 있다고 판단했어. 너를 믿고 권한을 주려는 것이니 너도 책임 있게 행동하기 바라. 하지만 네가 만족할 수

있는 수준과 우리가 허용하는 수준에는 차이가 있을 테니 지금부터 합의를 해볼 거야. 물론 최대한 네게 맞춰줄 거야. 어때, 동의하니?"

이후의 과정은 결국 토론의 문제가 되므로 1부의 내용을 따르면 된다. 당장 시도해보자. 집안의 분위기가 달라질 것이다. 가정에서의 효과적인 권한부여를 위해 양육이념을 하나 만드는 것도 좋겠다. 학교만 교육이념을 가지라는 법은 없다. 양육의 방향이 훨씬 명료해진다. 나는 서머힐의 교육이념인 '아이 중심, 경험 중심, 행복 중심'을 마음에 새겼다. 솔직히 말하면 말 그대로 새기기만 했으며 가족들에게 공개하지는 않았다. 따라서 실제로는 이념대로 행하지 못해도 아이들이 언행불일치라며 따지지 못한다. 그럼에도 아이와 갈등이 있을 때 속으로 지금 내가 아이에게 요구하는 게 아이 중심인가 행복 중심인가 생각하면 판단이 굉장히 명쾌하게 이루어진다. 그 결과 아이와 평화롭게 지낼 수 있다. 양육이념을 만들어놓으면 긴 양육의 길을 헤매지 않고 갈 수 있다.

## 공부에 대한 권한부여

실제로 권한부여를 하는 상황은 이보다 훨씬 복잡하다는 것을 나도 안다. 아무리 아이에게 권한을 부여하는 게 좋다 해도 아이에게만 일임할 수 없는 문제가 분명히 있다. 공부도 그런 문제 중의 하나이다. 권한부여를 하겠다는 분위기를 깔았다가 아이가 정말로 공부를 안 하겠다면 어떻게 하냐는 질문을 많이 받는다. 답을 먼저 말씀드린다면, 공부에 대해서는 너무 쉽게 물러서면 안 된다. 공부는 정말 중요하다. 권한을 부여하라는 것은 어떤 공부를 어떻게 할 것인지를 결정하라는 것이지 공부를 할 거냐 말 거냐의 문제는 아니다. 학원을 갈지 말지는 권한부여 영역이지만 공부를 할지 말지는 아니라는 말이다.

공부는 평생 해야 하지만 특히 청소년기에는 반드시 해야 한다. 뇌 발달과 다이렉트로 연결되기 때문이다. 15~25세가 뇌 발달이 정점에 달하는 시기이다. 또한 사회생활에 필수적인 요소인 성실함과 책임감을 심어주려면 모든 사람은 자기 일을 해야 한다는 것을 어려서부터 가르쳐야 하는데 부모가 돈을 벌고 집안일을 하듯이 학생은 공부가 일이라는 것을 확실히 알게 해야 한다. 죽어도 공부하기 싫다 한다면 과감하게 집안일을 시킬 수도 있다. 하지만 좋은 방법이 아닌 게, 집안일은 뇌를 엄청 발달시키지는 못한다. 단순노동이 무한 반복되기 때문이다. 집안일에 과수원 관리, 농사짓기, 인테리어, 악기 조율 등이 포함된다면 뇌 발달에 큰 도움이 되니 시켜도 된다. 아이가 도망만 안 간다면 말이다. 상담실에서 유난히 공부하기 싫다고 툴툴대는 아이들에게 "가족 중 아무 일도 안 하는 사람은 한 명도 없어. 다들 하기 싫은 일을 최소한 하나씩 하지. 부모님은 일하기 싫어도 아침에 출근하고 아침에 일어나기 싫어도 밥을 차려주시지? 너도 마찬가지야. 공부가 싫다면 다른 거라도 하나 해야지. 그게 가족이지. 청소? 설거지? 밥하기? 봉사 활동? 책 읽기? 네가 골라보렴." 이 말에 반박하는 애들은 여직 한 번도 보지 못했다. 그리고 잠시 생각을 하다가 그냥 학교 가서 수업받겠다고 한다. 이유가 재미있다. 학교에 있을 때는 부모가 간섭을 못한다나.

또한 이왕 가는 학교에서 뇌를 발달시키는 것이 맞지 굳이 다른 데서 해야 한다면 시간도 아깝고 억울하기까지 하다. 따라서 수업에 관심이 없는 아이라도 어떻게 계속 '공부'하도록 이끌지 학교에서 사명감을 갖고 고민해주어야 한다. 가정에서의 권한부여 양육으로는 학교 가기 싫다는 아이를 학교에 보내는 것까지는 할 수 있지만 이후 학교에서 보내는 8시간에 개입할 수는 없기 때문이다. 학교 커리큘럼 부분은 이 책의 범위를 넘어서는 것이라 발제 수준의 얘기만 언급하고 다음으로 넘어가겠다.

첫째, 수업을 포기하지 못하게끔 30명의 아이들 중 2명 정도만 책상에 엎어지도록 난이도를 낮추고 또한 교육 방법을 솔직하게 오픈하는 것이다. 아이들의 학교 수업을 들여다보면 마치 교사가 "이거 모르지? 모르지? 알면 용하지. 굉장히 어렵게 시험문제 낼 거니까 각오해라" 이렇게 말하는 느낌이 든다. "알아라,

반드시 알아야 한다. 이렇게 공부하면 까먹지 않는다. 자, 여기 밑줄 쫙! 별 세 개! 그래도 시험은 만만한 게 아니다." 이런 말이 오가는 수업이 되었으면 좋겠다.

둘째, 책이라도 읽게 하자. 독서교육에 관한 세계적인 베스트셀러인 《크라센의 읽기 혁명》에서는 읽기를 통해 쓰기, 문법, 어휘, 독해 등 다양한 실력이 향상된다고 하면서 많은 일화를 소개하는데 신경외과 의사인 카슨의 일화가 특히 인상적이다. 그는 5학년 때까지 열등생이었는데 그의 어머니가 매주 책 두 권을 도서관에서 대출해서 읽게 했다. 처음에 카슨은 자신이 좋아하는 동물, 자연, 과학 등에 관한 책만 읽었기 때문에 전통적인 교과목에서는 뒤떨어졌지만 5학년부터 과학 과목은 매우 우수한 성적을 냈고 책 읽기가 확장되면서 과학과 관련된 분야는 무엇이든 답할 수 있는 5학년 최고 전문가가 되었다. 이후 책 읽기로 인해 독해력과 어휘력이 향상되면서 다른 교과목에도 긍정적 영향을 미쳤다. 수업 시간이 훨씬 재미있어졌고 성적도 크게 향상되어 중학교에 들어가서는 반에서 1등을 했다. 그리고, 다들 알다시피, 몇 년 후 의사가 되었다. 이 책의 저자인 스티븐 크라센 교수는 카슨 어머니의 방법이 옳았다고 주장하면서 학부모들은 아이들이 문제집으로 공부할 때보다 책을 읽을 때 얻는 것이 더 많다는 것을 알아야 한다고 했다. 심지어 그는 아이들은 만화책이

나 소설책, 잡지 등을 읽으면서 문제집을 풀 때보다 더 많은 것을 배운다고 했다. 마지막으로 그는 매우 중요한 얘기를 했다. "아이들의 읽기를 방해하는 것은 분명 TV가 아니다. 그보다는 흥미 있는 책이 없기 때문일 것이다." 미국에서는 지능검사를 실시할 수 없을 때 어휘력 검사로 대체할 정도로 어휘력은 지능의 핵심 요소이다. 그러니 만화책도 좋고 소설책도 좋으니 아이들이 즐겁게 볼 수 있는 책을 읽게 하여 뇌 발달의 절정기를 놓치지 않도록 하자. 청소년이 좋아하는 또래독서토론회까지 하면 효과는 더욱 좋을 것이다.

셋째, 교과목은 인지적 기술일 뿐이므로 이에 재미를 느끼지 못한다면 비인지적 기술을 배우도록 하는 것이다. 비인지적 기술이란 열정, 자제심, 동기, 역경 극복능력 등을 일컫는 용어로 최근에는 이 기술이 아이의 성공과 행복에 훨씬 더 중요한 것으로 밝혀지고 있다. 그동안 이런 능력은 타고나야 한다는 의견이 지배적이었으나 최근 배울 수 있고 연습할 수 있고 가르칠 수 있음이 강력하게 지지되면서 세부적인 프로그램도 많이 나와 있다. 이쪽 책들을 보면 수업에 관심이 없는 아이들에게 비인지적 기술을 먼저 가르쳤더니 수업에 집중하고 성적도 향상되었다는 고무적인 보고가 수두룩하다. 우리나라에서도 성공했다는 보고들이 많이 발표되기를 희망한다.

무엇을 하든 아이가 학교를 졸업할 때까지 단 한 명의 교사라도 '밝은 점bright spot'을 찾아주었으면 한다. 이 용어는 《스위치》의 저자 칩 히스가 쓴 것이다. 그는 손쉽게 극적인 변화를 이끌어내는 행동 설계라는 뜻으로 '스위치'라는 용어를 사용했는데 그 방법의 하나로 밝은 점을 찾아줄 것을 제안하면서 이해를 위한 많은 일화를 소개했다. 그중 '문제아' 보비의 일화가 많은 생각거리를 준다. 보비는 지각이 잦고 숙제는 거의 안 했으며 수업을 방해했고 복도에서 큰 소리로 다른 아이들을 위협하여 수시로 교장실에 불려갔다. 그런데 학교 심리학자 머피가 보비를 상담한 지 석 달 후 교장실에 불려가는 일수가 80퍼센트 감소했다. 어떻게 이런 일이 가능했을까? 머피는 보비가 학교에서 말썽을 부리지 않는 때가 언제인지 물어 스미스 선생님 시간에는 절대 말썽을 부리지 않는다는 것을 알아냈다. 보비와 함께 이유를 찾아보니 스미스 선생님은 수업에 들어오면 보비에게 반갑게 인사를 하고(다른 선생들은 보비를 피한다) 보비에게 좀 더 쉬운 과제를 주었으며 새로운 주제를 시작할 때마다 보비가 내용을 이해했는지 확인한다는 것을 알았다. 머피는 다른 교사들에게도 보비에게 이렇게 해달라고 요청했고 그 결과 좋은 변화를 이루어냈다. 칩 히스는 문제가 있을 때는 문제에 집중하기보다 '문제가 없는 부분'인 밝은 점을 찾으면 변화가 가능하다고 했다. 소위 문제학생이라 해도 반드시 밝은 점이 있을 테니 이 점을 부각시켜 스위치의 기제를 설명한 칩 히스의 혜안이 참으로 놀랍다.

다시 공부 얘기로 돌아가, 아이가 공부를 안 하는 것을 자신의 권한으로 여기면 어떻게 하냐는 부모님들의 걱정을 덜어드리기 위해 한 가지 팁을 드린다. 스탠퍼드대학교의 정치학 교수인 제임스 마치는 사람들이 선택을 할 때 두 가지 의사결정 모델 가운데 하나를 따른다고 했다. 하나는 결과 모델로, 가능한 옵션들의 비용과 편익을 따져본 후 만족을 최대화하는 방향으로 선택을 내리는 것이다. 또 하나는 정체성 모델로, 스스로에게 다음 세 가지 질문을 해서 결정한다. 나는 누구인가? 이것은 어떤 상황인가? 나와 비슷한 다른 사람들은 이 상황에서 어떻게 행동할까? 두 모델을 아이의 공부와 연관시켜 생각해본다면, 대학 진학을 비롯한 다양한 옵션을 냉철하게 따져 '그래서 지금은 공부에 집중하겠다'는 결론을 내리는 것은 결과 모델이다. 하지만 아직 뇌가 덜 여문 청소년이 미래까지 내다보면서 결정을 내리기가 결코 쉽지는 않다. 청소년에게는 정체성 모델로 접근하는 게 낫다. 특히 위의 세 번째 질문에 초점을 맞추어 이렇게 물어보자. "네가 좋아하고 현명하다고 생각하는 네 친구는 어떤 결정을 내릴 것 같아? 걔네들은 대학에 가기로 결정할까(결정했니)?" 그래도 한국의 청소년들은 개인적인 이유가 무엇이든 대학교에 진학한다는 생각을 하고 있으므로 친구를 보면서 정체성 모델에 의한 판단을 내리게 하는 것이다. 물론, 친구가 하니까 무조건 한다는 것이 아니라 친구도 그렇게 하고 나 또한 '내가 선택해서' 그렇게 한다는 의지를 확실하게 끌어내주는 것이 중요하다. 친구의 의견을 유난히 소중하게 여기는 청소년들에게 좋은 방법이라고 생각한다.

심리학 서적에는 '~의' 심리학이 차고 넘치는데 흔치 않은 주제인 후회의 심리학을 연구한 학자가 있다. 《IF의 심리학》을 쓴 닐 로즈이다. 그는 1989~2003년에 〈만약 과거로 돌아가서 삶을 다시 산다면 어떤 부분을 바꾸고 싶은가〉를 주제로 연구 발표한 논문들을 분석하여 사람들이 가장 후회를 많이 하는 부분이 학업(32퍼센트)이라는 것을 밝혔다. 2위는 직업 경력(22퍼센트), 3위는 사랑과 인간관계(15퍼센트)였다. 로즈는 가장 많이 후회되는 부분에 '학업'이 뽑힌 것이 놀라울 수도 있지만 이유는 분명하다고 했다. 교육은 성공에 이르는 일종의 관문이며 인생의 수많은 것들을 좌우할 수 있는 주요한 요인이기 때문이라는 것이다. 로즈가 발견한 것을 나 또한 상담실에서 일하며 이미 알고 있었다. 내담자들에게 실시하는 문장완성검사라는 것이 있다. '내가 만약 젊어진다면 _____ 하겠다'는 식의 문장을 제시하여 완성하게 하는데 정말 너무도 많은 사람들이 이 항목에 '공부를 열심히 하겠다'고 쓴다. 왜 이렇게 학업에서 후회를 많이 하는 걸까? 로즈의 해석도 맞겠지만 다른 심리학자들의 설명도 꽤 타당하다. 사람들은 비행동에 대한 후회(무언가 했어야 했다는)를 행동에 대한 후회(무언가 하지 말았어야 했다는)보다 세 배 정도 많이 한다고 한다. 흔히 우리는 "공부 열심히 해봤자 소용없더라"는 푸념을 많이 하지만 아예 열심히 안 해본 사람들은 푸념과 비교가 안 될 정도로 나중에 엄청나게 후회를 한다니 일단은 하고 볼 일이다. 사람들은 지금 행복하지 않으면 과거로 거슬러 올라가 후회를 하는 습성이 있다. 뭐라도 원인을 찾아야 하기 때문이다. 가능한 원인들 중 가장 많은(혹은 빈번한) 비행동의 영역이 공부로 나오는 것은 언뜻 생각해도 일리가 있다. 모든 사람들에게 한 때 하루 8시간의 공부의 기회가 공평하게 주어졌기 때문이다. 모든 것을 원점에서 시작할 수 있었던 인생의 황금기였음을 뒤늦게 깨닫게 되어 그 황금기를 보다 알차게 보냈다면 지금 나는 좀 더 행복하게 살 수 있었을 거라고 후회하는 것이다.

청소년들은 지금 자신이 인생의 황금기 한복판을 지나고 있음을 모르겠지만 뒤돌아 후회하지 않도록 학교에서 8시간을 알차게 보내고 돌아오도록 도와주자. 청소년이 미래사회에서 얼마나 힘들지 우리가 익히 알고 있는데 과거에 대한 후회의 짐만이라도 미리 좀 덜어주자. 수업에 집중하면 가장 좋다. 가장 간단하니까. 집중 못하면 좀 복잡해지기는 하지만 아이 한 명 한 명의 '밝은 점'을 찾아주는 것을 목표로 해보면 그리 어렵지만은 않을 것이다.

## 한계설정: 무조건 다 되는 건 아니란다

앞에서 말했듯이 가정에서의 권한부여는 학교와 달리 좀 더 엄격한 제재가 필요할 때가 있다. 한계설정이 한 가지 방법이다. 한계설정이란 아이의 어떤 행동을 절대로 허락할 수 없거나 어느 선이상으로는 허락할 수 없다는 기준을 제시한다는 의미이다. 아무리 이 책의 주제가 토론과 권한부여라 해도 각 가정에서 정말 중요하다고 생각하는 문제에 대해서는 토론이나 협상이 불가능한 것도 있음을 명확하게 알려야 한다. 즉, "이것은 토론할 수 있는 문제가 아니야. 그러니 지금 당장 ○○해주기 바란다(혹은 멈추기를 바란다)"고 말해야 할 때가 있는 법이다. 예를 들어 형이 동생을 때렸는데 "넌 지금 속상한가 보다"라고만 할 수는 없는 것이다. 그렇다고 야단치듯이 몰아세우며 아이의 행동을 제지하라는 것이 아니라 "네가 속상하고 화를 참지 못한다는 것을 알겠어. 그래도 때려서는 안 돼"라는 식의 단호한 태도가 바람직하다. 권한부여를 할 영역에 대해서도 신중하게 생각해야 하는데 하물며 한계를 설정할 때는 더욱 신중하게 접근해야 한다. 방법을 살펴보자.

① 아이에게는 한계설정이라는 용어가 어렵다. 각 가정에 맞게 용어를 바꾸자. '내가 꼭 지켜야 할 것들' '우리 집을 행복하게 하는 골드 스탠더드' 등으로.

② 한계를 설정할 때 부모가 일방적으로 하면 안 된다. 왜 그렇게 해야 하는지를 설명한 후 아이가 이해했는지 확인한다. 토론을 통해 아이의 입장을 들어본 후 한계설정의 내용이나 기준을 바꾸기도 한다.

③ 한계설정 항목이 정해졌으면 큰 종이에 예쁘게 적어서 거실에 하나, 아이 방에 하나 붙인다. 이후 아이가 올바른 행동을 하지 않을 때 게시판을 짚어 경고를 한다. '넌 지금 우리가 함께 결정했던, 하면 안 되는 행동을 하고 있어'라는 메시지를 주는 것이다. 게시판을 짚는 것만으로 아이의 행동이 멈추지 않을 때는 직접 지시를 해야 하며 "지금 네가 무얼 하고 있지?" "지금 네가 무얼 해야 하지?"라고 물으면서 아이가 스스로 자신의 행동을 자각하게 하면 더욱 좋다.

④ 몇 번의 경고에도(몇 번으로 할지 미리 아이와 정한다) 행동의 변화가 없을 때는 '지키지 않았다'는 뜻의 빨간색 표시를 한다. 냉장고 부착용 다이어리와 스티커 등을 활용하면 좋다. 이런 표시가 몇 개 이상 되면(몇 개로 할지 미리 정한다) 벌칙을 받는 것으로 정한다. 어떤 벌칙을 받을지도 미리 정한다. 반면, 잘 수행하면 파란색 표시를 하여 몇 개 이상 되면 상을 주는 것으로 한다. 나이가 어린 아이들뿐 아니라 고등학생들에게도 상벌의 약발이 의외로 세다. 고등학생의 경우 게임 허락하기, 게임 시간 늘리기, 외출

시간 늘리기, 용돈 주기, 용돈 인상해주기, 주말에 늦게 자기, 자기만의 계좌 갖기, 집안일 면제받기 등 상으로 줄 것이 생각보다 많다. 벌은 상과 반대쪽으로 생각하면 되겠다.

한계상황을 설정하는 목표는 결국 부정적인 행동을 억제하고 긍정적인 행동을 증가시키는 것이니 형식에 너무 목을 매지는 말자. 무엇보다도, 부정적인 행동에 벌을 내리는 것보다 긍정적인 행동을 가능한 한 빨리 칭찬하는 것이 훨씬 더 효과적이다. 또한 대안책을 많이 만들어놓아야 한다. 아이가 A라는 행동을 지키지 못할 때 바로 '실패'로 단정 지으며 실망하지 말고 B 행동, C 행동, D 행동을 대신 하도록 해보는 것이다. 예를 들어 아이가 동생을 때리려 하여 경고를 했는데도 행동을 멈추지 못할 때 바로 "넌 안 되는구나, 넌 못됐구나"라는 메시지를 주는 대신 동생을 때리지 않아도 화를 가라앉힐 수 있는 대안들, 다른 공간에 가 있기, 음악 듣기, 샌드백 치기, 밖에 나갔다 오기 등의 대안책을 가르쳐주고 대안책을 실천했을 때도 칭찬을 해준다.

주의해야 할 점은 부정적인 행동을 지적하는 과정에서 감정을 억압하지 않도록 해야 한다는 것이다. "동생에게 화를 내면 어떻게 해?"라며 소리치는 것은 문제를 해결하는 데 도움이 안 될 뿐 아니라 '감정은 나쁘다'는 왜곡된 생각을 하게 한다. 올바른 훈육의 말은 "넌 어떤 감정이든 느낄 수 있어. 동생에게 화가 나기도 할 거야. 하지만 화가 난다고 해서 때리면 안 돼"라고 말하는 것이다. 많은 심리학자들이 지적하듯이 자신의 감정을 확실히 알고 올바로 표현할 수 있을 때 건강한 마음을 갖게 된다. 또한 자기 감정을 잘 이해하게 되면 다른 사람의 감정도 잘 이해하게 되어 사회생활에도 큰 도움이 된다.

한계설정을 했는데도 아이가 잘 지키지 않을 때 부모는 화가 날 것이다. 이럴 때는 아이가 가르침을 숙지하는 데 수개월, 혹은 수년이 걸릴 수도 있음을 잊지 말자. 아울러 왜 그런 일이 벌어지는지 침착하게 생각해보자. 때로는 나의 태도 같은 아주 단순한 요인 때문일 수도 있다. 말은 다 맞는데 이상하게 들어주고 싶지 않은 그런 태도를 우리가 보일 수 있다는 뜻이다. 할머니 교육자로 유명한 메리 커신카는 부모 교육 시 "여러분이 과거에 싫어했던 어른들에 대해 생각해보세요"라고 조언한다. 그러면 대부분의 부모들은 "융통성 없고 가혹하고 냉소적이고 비판적이고 거친 사람이었어요"라는 답을 내놓으며 자신이 바로 그런 사람일 수도 있음을 깨닫는다. 아이에게 최대한 친절하고 부드럽게 대해주자. 사춘기 아이들은 겉으로는 길가에 굴러다니는 돌멩이처럼 행동하지만 속으로는 자신을 꽃처럼 대해주기를 바란다. 사춘기 아이들 마음의 빗장을 푸는 것은 억세고 강단 있는 목소리가 아니라 부드럽고 인자한 목소리이다. 부드럽고 인자하다 해서 한계 설정의 파워가 떨어지지 않는다. 오히려 평소에 부드럽고 친절하게 말하다가 어떤 부분에서 엄하게 제재를 가하면 아이는 '정말 이것은 중요한가 보다, 정말 이거는 하면 안 되는구나'라는 것을 확실히 알고 수용한다. 목소리 자체가 부드럽지 않다면 인위적으로 그렇게 할 필요는 없으며 부모의 특성에 따라 융통성 있게 개입하면 된다. 엄격하게 지도해야 한다면 아버지가, 부드럽게 이끌어야 한다면 어머니가 개입하는 식으로 말이다. 물론 누가 더 엄격한지는 집집마다 다르겠지만.

부모가 너무 엄격해서 짜증이 난다는 아이들에게는 '일시적 역할'임을 강조하는 것도 좋다. "그래, 네가 짜증이 나는 것도 이해해. 하지만 귀가 시간을 체크하는 것은 네가 법적으로 미성년자여서야. 부모는 미성년자인 자녀를 보호할 의무가 있고 그 의무를 다하지 않으면 처벌을 받기도 해. 그러니 너와 다투는 한이 있더라도 엄마는 법을 지킬 거야. 나도 내가 소중하고 경찰서 가기 싫으니까. 네가 졸업하면 귀가 시간을 지금처럼 엄격하게 하지는 않을 거야. 지금 엄마가 엄격하게 요구하는 것은 일시적인 거야. 그러니 그때까지는 엄마 말에 따랐으면 좋겠어"라고 말해준다면 아이도 순응해줄 것이다. 요즘 아이돌들이 방송에서 자기는 비주얼을 담당하네, 자기는 센터를 담당하네 하고 말하는 트

렌드를 따라 이렇게 말해도 좋겠다. "가족은 각자의 역할이 있어. 엄마는 우리 집에서 걱정을 담당한단다. 모두 잠자고 있을 때도 엄마가 마지막으로 문도 확인하고 전기도 끄잖아. 그래, 너는 우리 집에서 잠시 반항을 담당할 거니? 담당하는 것은 달라도 우리는 한 가족이잖아. 평화롭게 가보자."

# 3장

# 양육의 완성: 인생의 겨울도 준비시켜라

인류는 늘 거짓말을 해왔지만 가장 큰 거짓말이 무엇인지는 개인마다 다를 것이다. 내가 몸으로 느꼈던 가장 대규모의 거짓말은 아이를 낳을 때 퍼뜩 다가왔다. 양수가 터진 후 23시간이 지나도록 아이는 나오지 않고 거대한 파도 같은 산통 속에 처박혀 숨도 제대로 쉴 수 없을 만큼 고통스럽다 보니 선조들이 자신들의 유전자를 퍼뜨리고자 여성들에게 출산이 별거 아니라고 거짓말을 해왔다는 생각이 들 정도였다. 아무한테든 "이렇게 아픈데 왜 아무도 진실을 말해주지 않았어? 왜?"라고 소리치고 싶었다. 인류가 여성에게 그랬다면 당사자인 여성 선배들은 왜 이 엄청난 거짓말을 공모했을까? 나만큼 아프지 않아서? 아기가 너무 예뻐서? 극심한 고통으로 기억상실이 생겨서? 나도 모르고 당했으니 너도 한번 당해보라는 마음에서? 이유는 모르겠지만 당장 나만 해도 딸에게 출산의 진통이 상상을 초월한다는 말을 해줄 계획이 없는 것 같다. 닥치면 모르겠지만 말이다.

하지만 내가 딸에게 진통의 진실을 말해주지 않는다면 이러한 이유들 때문은 아닐 것 같으며 내가 짐작했던 선배 여성들의 입장에서 그럴 것 같다. 선배 여성들은 자신의 고통을 지극히 개인적인 것으로 받아들였고 적어도 자신 외에 다른 사람들은 이 정도로 아프지 않을지도 모른다고 생각했고 자신의 개인적인 경험으로 인해 후배들이 경험할 근사한 기쁨과 보람의 여정을 초반에 박살내고 싶지 않았을 것이다. 무엇보다도, 아무리 선배들이 "그거 내가 겪어봐서 아는데 각오를 단단히 해야 할 거야. 목숨이 위태로울 수도 있어"라고 말해준들 귀 기울일 후배들이 있겠는가? "그건 당신 사정이고 나는 그러지 않을 자신 있으니 내 인생은 내가 알아서 할 거예요"라는 말밖에 더 듣겠는가?

선배들이 '진실'을 말하지 않는 영역은 아이를 낳을 때만이 아니다. 아이를 키우는 데 있어서도 마찬가지이다. 자녀를 대학에 보내고 나서 50세가 넘은 주변의 선배맘들에게 "아이를 키우는 데 있어서 정말로 중요한 게 무엇일까요? 정말로 아이에게 가르쳐야 할 것은 무엇일까요? 딱 한 번만 진실을 말해주십시오"라고 읍소해본다 치자. 그들은 어떤 말을 해줄 것 같은가? "대학, 그따

176

위 거 다 부차적이고 그저 몸과 마음이 건강하게 자라주었으면 좋겠어. 무엇보다도, 실패해도 용기를 갖고 다시 시작했으면 좋겠어." 이런 말을 들을 것이다.

그들은 애들을 대학에 보내봐서 그렇게 말할 수 있다고? 그게 뭐 어쨌다는 것인가? 만약 대학에 자녀를 못 보낸(안 보낸) 선배들이 그런 말을 하면 "당신은 안 보냈으니까 건강 따위가 중요하다고 하겠죠"라고 말할 게 뻔하다. 사소한 것을 트집 잡지는 말자. 그래도 여전히 트집 잡고 싶은 후배 맘들이 두 번째 질문을 할 수 있다. "그게 그렇게 중요하면 왜 진작 말해주지 않은 거죠?" 앞에서 말했다. 당신의 멋진 여정을 방해하고 싶지 않았고 적어도 당신은 우리보다 나은 삶을 살 거라고, 우리보다 지혜로울 거라고 믿었던 것이다. 그래도 지금 이러한 책을 읽고 있는 당신이라면, 조금이라도 더 많은 지혜를 모색하는 분이라 생각해서 선배 맘으로서 진심으로 말씀드리고 싶다. 아이에게 인생의 겨울을 준비시키라고.

사계절의 변화가 뚜렷한 우리나라에서는 입동立冬이 되면 본격적으로 겨울 채비를 시작하여 김장도 하고 연탄도 들이고 그랬다. 양육에도 사계四季가 있다. 아이가 봄에 씨를 뿌리고 융성한 여름을 거쳐 결실의 가을을 맞이하도록 부모는 말 그대로 자식 농사에 최선을 다한다. 아이의 결실의 시기는 언제일까? 대학

합격? 취직? 결혼? 집집마다 답은 다르겠지만 결실을 향해 비지 땀을 쏟는 것은 똑같다. 다만 부모들은 자연의 겨울은 순순히 받아들이면서 아이의 겨울은 마치 오지 않을 것처럼 산다. 하지만 겨울은 반드시 온다. 즉, 내 아이는 살면서 반드시 실패를 한다. 빠르면 대학 입시에서부터, 더 빠르면 학교에서의 수많은 시험에서부터, 이후 취직, 결혼, 돈, 건강 등 허다한 순간에 반드시 한 번 이상 실패를 하게 되어 있다. 가을 다음에 겨울이 오는 것만큼이나 명확한 순리이다. 오히려 겨울은 1년에 한 번 오지만 마음의 겨울은 시도 때도 없이 온다. 마음의 김장이 필요한 이유이다. 어머니들이 김장을 마쳐야 "에후, 이제야 올해 할 일을 다했네"라고 말하며 허리를 펴듯이 실패를 극복하는 방법까지 가르쳐주어야 양육의 길은 비로소 완성된다고 볼 수 있다.


## 실패를 바라보는 마음가짐

실패를 극복하는 방법을 알아본다는 것은 실패를 '나쁘게' 본다는 전제를 깔고 있다. 실패를 맛으로 비유해본다면 쓴맛일 것이다. 실패는 정말 쓰다. 그래서 절대로 맛보고 싶지 않다. 하지만 입에 쓴 것 중에 우리에게 약이 되는 것이 많듯이 쓰디쓴 실패 또한 우리 인생에서 좋은 약이 될 것임이 분명하다. 약은 혀에나 쓰지 일단 삼키면 몸을 건강하게 한다. 실패를 '맛보지' 말고 과감하게 꿀걱 삼켜보자. 그다음에 어떻게 되는지 지켜보라. 죽지 않는다. 오히려 삶이 건강해지고 성공에 더 가까워진다.

20세기 최고의 기업가로 일컬어지며 미국 제너럴 일렉트릭GE 사의 최연소 회장이었던 잭 웰치도 이것을 알았기에 "실패는 성공으로 가는 가장 빠른 지름길"이라고 했을 것이다. '이렇게 하면 실패하는구나'라는 것을 알게 되면 그와 다른 방법으로 시도할 수 있게 되어 빨리 성공할 수 있다는 뜻이다. 그 훨씬 전에 에디슨도 비슷한 말을 했다. 에디슨은 사실 전구 발명에 성공하기까지 수십 번의 실패를 했고 100번째 시도에서 겨우 성공할 수 있었다. 그는 기자들이 "수많은 실패를 했을 때 실망하지 않았느냐"고 질문했을 때 이렇게 말했다고 한다. "한 번도 실망한 적이 없습니다. 단지 실패하는 방법 99가지를 알았을 뿐입니다."

잭 웰치에 대해서는 그만큼이나 어머니의 일화도 유명하다. 어느 날 잭이 아이스하키 경기에서 한 골 차이로 역전패를 당하여 실망과 분함에 하키 스틱을 얼음판에 내던지자 어머니는 라커룸에 성큼성큼 들어오더니 아들의 멱살을 잡고 소리쳤다고 한다. "못난 녀석 같으니라고. 패배를 받아들일 줄 모르는데 어떻게 멋지게 승리하는 법을 알 수 있겠니? 이 사실을 깨닫지 못하면, 넌 더 이상 경기를 할 자격이 없어." 이후에도 그의 어머니는 늘 "어떤 상황이든 정면으로 맞서라" "자신을 속이지 마라. 그렇다고 현실이 바뀌는 건 아니니까 말이야"라는 말을 했다고 한다. 잭 웰치는 나중에 자서전《끝없는 도전과 용기》에서 어머니의 그 말들이 평생을 살아가는 데 든든한 나침반이 되었다고 고백했다. 한국에서는 이렇게 영화의 한 장면처럼 아이의 멱살을 잡고 말하면 아이가 "엄마, 뭐 잘못 먹었어? 오버하지 마"라면서 손가락을 오그릴 것 같으니 점잖은 집안이라면 아이의 어깨를 두드리고 화끈한 집안이라면 등짝을 치며 얘기를 하는 게 어떨까 싶기는 하다. 요점은, 아이가 실패로 낙담할 때 "왜 이래? 더 배워야 한다는 것, 그 이상도 이하도 아니야. 자, 이렇게 하면 실패한다는 것을 알았으니 다음에는 다른 방법으로 해보자"며 쾌활하면서도 진지하게 말해주자. 쾌활해야 하는 이유는 부모가 정말로 '까짓것, 별거 아니다'라고 생각하고 있음을 온몸으로 보여주어야 하기 때문이며 진지하게 말해주어야 하는 이유는 '이 기회에 제대로 배워야 한다'는 엄중한 깨달음을 주어야 하기 때문이다.

부모의 이런 태도와 말은 아이가 평생을 살아가는 데 꼭 필요한, 굉장히 중요한 마음가짐을 갖게 만든다. 실패했을 때도 좌절하지 않고 다시 시작하는 마음가짐 말이다. 이 의미를 가진 용어로는 불굴의 의지, 뚝심, 투지, 회복력 등 많지만 이 책에서는 스탠퍼드대학교 교수인 캐럴 드웩이《마인드셋》에서 제시한 '성장 마음가짐'을 사용할 것이다.

성장 마음가짐의 대척점에는 '고정 마음가짐'이 있다. 고정 마음가짐을 가진 사람은 능력이 고정된 것으로 보기 때문에 실패를 자신의 능력이 부족한 것으로 받아들이고 실수한 상황을 회피하기만 하여 새로운 학습 기회를 갖지 못한다. 반면 성장 마음가짐을 가진 사람들은 능력도 근육처럼 연습과 노력을 통해 키울 수 있는 것으로 보기 때문에 실패를 배움의 기회로 받아들인다.

드웩은 이러한 마음가짐에 따라 결과가 어떻게 달라지는지 연구를 많이 했는데 그녀의 연구는 책이나 테드 강연 등을 통해 이미 널리 알려져 있기에 여기서는 두어 가지만 들여다보도록 하겠다. 드웩의 연구가 특별히 가치 있는 이유는 성장 마음가짐을 '가르칠 수 있다'는 걸 보여주었기 때문이다. 경제 수준이 낮고 학업 성취도가 매우 낮아 뉴욕시의 관심 대상이었던 중학교에서 두 집단을 구성하여 한 집단(통제집단)에게는 일반적인 공부 기술을 가르쳤고 다른 집단(실험집단)에게는 운동을 통해 근육을 튼튼하게 할 수 있는 것처럼 두뇌도 연습을 통해 똑똑해질 수 있다고 가르쳤다. 한 학기 후, 통제집단은 성적이 떨어진 반면 성장 마음가짐을 배운 집단은 학업 성취도가 높아졌을 뿐 아니라 76퍼센트의 아이들이 교사들로부터 긍정적인 변화가 있었다는 칭찬을 받았다. 교사들은 학생이 어떤 집단에 속해 있었는지 몰랐음은 물론이다. 그녀는 성장 마음가짐을 가진 아이들이 심지어 선천적으로 타고나는 것으로 알려진 지능지수까지도 상승시킨다는 것을 밝혔다. 연구에 참석한 한 아이가 눈물을 글썽이며 이렇게 말했다고 한다. "그러니까, 제가 언제까지고 멍청이로 살 필요는 없는 거네요?" 앞서 언급했던 칩 히스의 책에도 이 연구들이 인용되어 있다. 히스는 성장 마음가짐 학생들이 교육을 받은 시간은 8주 동안 총 2시간에 지나지 않았는데도 그들의 삶을 바꿀 수 있다는 사실을 입증했다고 놀라워했다.

드웩은 또한 아이들이 성장 마음가짐을 가지게 하려면 교사가 먼저 이런 마음가짐을 가져야 한다는 것을 강조했는데, 졸업에 필요한 코스를 통과하지 못할 때마다 '아직NY: Not Yet(아직은 부족해요)'이라는 학점을 준다는 시카고의 한 고등학교에 관한 얘기는 매우 유명하다. 이 학교에서는 D를 없애고 'NY'로 대체하면서 "우리 학교에는 절대로 안 되는 아이는 없다. 아직은 부족한 아이들이 있을 뿐이다"라는 말을 수시로 해주었다. 학생들은 '선생님은 내가 더 잘할 수 있다고 보시는구나'라고 생각하면서 열심히 노력하여 훌륭한 성과를 냈다고 한다. 또한 시애틀의 한 학교에서는 성장 마음가짐으로 뭉쳤던 교사들이 그 지역에서 꼴찌 성적을 보였던 학생들을 1년 만에 뉴욕주 수학시험에서 최고의 성적을 내도록 했다고 한다.

드웩의 연구 중에 칭찬에 관한 것도 알아둘 만하다. 그녀는 칭찬에 대해 일반적인 의미와 다르게 아이들의 재능을 칭찬하면 오히려 동기와 성과를 망치며 노력과 과정을 칭찬해야 좋은 결과를 얻는다고 주장했다. 그리고 수백 명의 아이들을 대상으로 일곱 차례나 연구한 끝에 내려진 결론임을 재차 강조했다. 앞에서 언급했던 〈학교란 무엇인가〉에 등장하는 미국의 심리학자 알피 콘 또한 칭찬에 중독된 뇌는 지속적인 보상이 주어져야만 만족하는 칭찬 중독 상태에 빠지게 될 수 있다고 경고한 바 있다. 머리가 좋다는 칭찬을 자주 받으면 자꾸 그런 칭찬을 받기 위해 잘하지 못하는 것을 숨기는 거짓말을 하게 되고 난이도가 낮은 것만 빨리 해내려 하면서 도전을 하지 않는 등 역효과가 나타날 수 있다는 것이다. 무엇보다도 칭찬이 사라지면 의욕도 사라진다고 했다. 아이가 어릴 때부터 조금만 잘해도 "우리 딸, 우리 아들, 킹왕짱!" 하며 '엄지 척'을 하는 한국의 부모들이 새겨볼 지적이다. 실제로 EBS의 〈학교란 무엇인가〉 제작팀이 '한국의 칭찬받던 영재들'의 성장 경로를 추적한 적이 있다. 1960년대 이후 신문과 텔레비전 보도를 통해 유명해진 과학신동 64명과 접촉했을 때 일곱 명을 제외한 나머지는 현재 모습이 어릴 적에 받았던 국민적 기대에 못 미친다면서 면담을 거절했다고 한다. 아울러 제작팀은 〈2003년 한국교육개발원 보고서〉도 인용했는데 1980년대 전후로 태어난 영재 81명을 추적한 결과 50퍼센트 이상이 평범하고 오히려 상식적인 기대 수준에 못 미쳤으며 12.4퍼센트는 고교 졸업 후 취업을 하거나 재수 중이었다고 한다. 보고서에는 그 원인으로, 영재들은 노력하면 똑똑하지 않다고 생각했다는 점을 제시했다.

이제 부모가 아이를 어떻게 칭찬해야 하는지 답이 나왔다. "이렇게 노력을 하는 네가 자랑스러워" "어려운 과제였는데도 끝까지 해내어 정말 훌륭하고 뿌듯하다"는 식으로 노력과 과정을 칭찬하자. 노력과 과정을 칭찬하되 구체적인 포인트를 짚어주는 피드백이 더해지면 성장 마음가짐을 가지도록 하는 게 훨씬 수월하다. "시험 성적이 오른 건 네가 정말 열심히 공부했다는 걸 증명해주는 거야. 교과서를 세 번이나 읽었잖아. 그게 효과가 있었구나!" 이런 식의 칭찬은 아이의 기분을 좋게 하는 동시에 앞으로도 어떻게 공부를 할지 확신을 갖게 해준다. 반면 결과가 좋지 않을 때라면, "네가 열심히 노력해서 참 흐뭇해. 단지, 네가 어느 부분을 잘 익히지 못했는지 함께 알아보면 어떨까?" "네가 몰라서가 아니라 속도가 늦을 때가 있어. 빨리 문제를 푸는 법을 연습해보자" "모든 아이들마다 공부 방식이 달라. 네게 맞는 방식이 어떤 건지 계속 찾아보자구나" 이런 식으로 아이의 능력이 아니라 노력과 과정에 개선 지점이 있었음을 지적해주면 아이는 기분 나쁜 감정을 빨리 털어버리고 다시 시작할 수 있다.

　이 부분을 쓰면서 나도 반성을 많이 했다. 아이가 시험 성적이 좋지 않았을 때 실망스러워하지 않고 "괜찮아, 점점 잘하게 될 거야"라는 말을 한 것만으로 부모의 도리를 다했다고 너무 만만하게, 형식적으로 대처했음을 깨달았다. 실패는 그저 배움의 기회라는 것을 귀가 아프도록 말해주었어야 했으며 왜 실패했는지 분석해서 개선의 방향성을 찾는 마음가짐을 갖게 했어야 했다. 그러기는커녕 오히려 기분이 다시 나빠질까 봐 시험 얘기를 꺼내는 것을 피하기도 했고 아이가 알아서 잘 극복하겠지 하며 무턱대고 믿었다가 고등학교 첫 중간고사를 망친 후 어찌나 좌절하던지 가족들이 굉장히 힘들었다. 실패를 견뎌내는 마음의 실탄을 전혀 준비해주지 않았던 것이다. 겨우 마음을 추슬러 열심히 노력해서 기말고사 성적을 올렸을 때 이번에는 제대로 피드백을 주었다. 어떻게 성적이 오를 수 있었는지 그동안의 준비 과정에 대해 얘기를 나누었고 노력에 대해 아낌없이 칭찬을 해주었다. "좌절하지 않고 열심히 노력한 네가 정말 멋져. 완전 팬이야! 이번에 자신을 극복한 것은 향후 10년 동안 잘못을 해도 용서받을 수 있을 정도로 엄청난 거였어. 10년 후부터는 잘못하면 다시 야단칠 거야, 알았어?"라고 말하자 아이는 혀를 메롱 내밀고 "싫어! 고작 10년이야? 100년은 줘야지. 내가 정말 얼마나 얼마나 힘들었는지 엄마는 모를걸" 하며 키득댔다. 노력과 과정에 대해서만 칭찬을 해주었는데도 아이의 표정이 참으로 편안했다. 제대로 칭찬을 한 듯했다.

솔직히, 아이가 좋은 결과를 냈을 때 칭찬해주는 것이 뭐가 나쁘겠는가? 격하게 안아주며 진심으로 기쁜 마음을 전달하는 것만큼 엔도르핀을 생성하는 좋은 보상도 없다. 오히려 어린아이에게는 다소 과장되게 칭찬을 해야 한다. 다만, 성공하지 못했을 때는 이런 칭찬이 어색하므로 해가 떠도 비가 내려도 변함없이 아이를 사랑한다는 것을 전하려면 현명하게 칭찬할 필요가 있다는 뜻으로 받아들이자. 과정을 칭찬하는 것은 좋은 결과가 나오든 반대의 결과가 나오든 상관없이 아이의 자존감을 떨어뜨리지 않는, 아주 지혜로운 방법임이 틀림없다.


## 마음의 김장: 성장 마음가짐 갖게 하기

겨울을 나기 위한 준비로 본격적으로 마음의 김장을 담가보자. 아이에게 성장 마음가짐을 갖게 하는 것이다. 한국의 김치와 김장문화는 유네스코 인류무형문화재로 등재되어 있다. "한국의 대표적인 식문화로서 일부 전승자가 아니라 전 국민이 행하는 생활 속의 무형문화재"라고 설명한 한국문화재청의 지적대로, 김장은 집안마다 고유한 역사와 문화가 녹아 있다. 김장을 담그는 것은 초겨울에 하지만 봄부터 저장용 육쪽마늘을 구입하여 갈무리하거나 빻아놓고 가을에는 빛깔 좋은 태양초를 구입하여 말리고 빻는 등 사실은 1년에 걸친 작업이라 할 수 있다. 가을에 배추가 먹음직스럽게 익으면 이제 본격적으로 좋은 배추를 골라 사 와서 씻고 절이며 무와 파를 채 써는 등 사전 작업을 한다.

이 작업 중에 아내를 사랑하는 남편들이 거들 때도 있다. 배추를 나르고 젓갈 사러 가느라 운전도 해주고 무를 써는 것도 모자라 김장을 끝낸 아내가 허리, 다리 아프다 하여 파스를 사 오고 붙이고 다리를 주물러주는 등 한바탕 난리를 치기를 해마다 하니 "이런 본전도 못 뽑는 짓은 이제 그만하고 그냥 사 먹자"는 말을 하여 부부 싸움이 나기도 한다. 그럼에도 아내가 물러서지 않으니 홧김에 "이따위 김치 쪼가리, 김치 나부랭이"라 부르며 짜네, 싱겁네, 온갖 악평을 해대기도 한다. 고생은 고생대로 하고 이런 온갖 수모를 겪으면서도 어머니와 할머니가 김장을 하는 이유는 한겨울에 먹을 게 없을 때 찬연하게 빛을 발하는 김치의 소중함을 알기 때문이며 김치찌개와 김치볶음밥을 바닥까지 훑어 먹는 자식새끼들의 미소를 세상 무엇과도 바꿀 수 없기 때문일 것이다. 무엇보다도, 시집간 딸이 비 오는 날 김치부침개가 먹고 싶다며 어미를 찾아와 안아주며 그리워하기 때문이다. 수많은 음식 중에서도 김장김치는 참으로 미래를 내다보는 음식이다. 이게 참 양육과 닮았다.

성장 마음가짐을 갖도록 마음의 김장을 한다 해도 이 과정은 실제로 김장을 하는 것만큼이나 상당한 고단함이 따른다. 우선, 남편이 '김치 나부랭이'라고 표현하듯이 아이 또한 '성장? 그까짓 거, 뭐 대수라고' 하며 부모의 노력을 하찮게 본다. 또한 실패한 아이를 부모가 갖은 아이디어를 다 짜내어 멋진 말로 격려하려 해도 아이의 기분이 금방 좋아지지 않는다. 계속 툴툴대거나 심지어 "말처럼 그렇게 쉬우면 엄마 아빠가 해보든지"라며 비아냥거리기도 하여 부모를 얼마나 뻘쭘하게 하는지 모른다. 그래서 부모도 아이도 이 작업의 보람을 잘 느끼지 못할 수 있다. 하지만 아이의 이런 말에 속아 넘어가지 말자. 성장 마음가짐의 가장 큰 가치는 다시 시작하게 하는 것이며 부모는 거기까지만 하면 된다. 아이의 기분이 좋아지는 때는 그렇게 다시 일어나 친구와 떡볶이를 먹거나 게임을 하고 나서이다. 우리는 아이를 침대나 방에서 끄집어내주기만 하면 된다. 초등학생 아이는 기분이 좋아지는 것까지도 해주어야 하지만 중학생 이후로는 일어나게 해주기만 하면 되니 훨씬 쉽다. 다시 일어난 아이에게 용돈을 조금 쥐여주면 더 쉽다. 아침에는 세상 끝난 듯이 우거지상으로 있다가도 친구와 수다 떨고 영화 보고 쇼핑하고서는 방긋 웃으면서 들어오는 게 청소년이다. 청소년은 어떨 때 보면 무식하리만치 단순한데 나이가 들어보니 이게 은근히 매력 있다. 젊었을 때는 상당히 싫어했던 부류인데 하도 나도 너도 모두 복잡하게 머리를 굴리고 살아서 그런지 요새는 심지어 청소년들이 부러울 때도 있다. 그래서 부모가 십 대하고 같이 살 수 있나 보다. 단순 무식하지만 뒤끝이 없는 돌쇠 같은 아이가 친구와 구석기적인 놀이를 한 후 기분이 좋아져서 집에 들어올 때 비로소 신석기적인 뇌가 조금 켜지며 부모가 해주었던 말들을 떠올린다. '음… 엄마가 다음에는 쉬운 문제부터 먼저 풀라고 했지? 아빠는 오답노트를 잘 정리하라고 했지? 한번 그렇게 해보지 뭐.' 이렇게 다시 시작하는 것이다. 즉, 성장 마음가짐의 가르침은 아이에게 전달된 후 한참 시간이 지나야 발효한다. 하루 이틀은 기본이고 1주, 1년이 지날 수도 있으며 심지어 결혼해서 자식을 낳은 후일 수도 있다.

한겨울에 먹을 게 없어봐야 가족들이 김치의 소중함을 느끼게 된다는 것을 익히 알고 어머니가 김장을 했듯이, 아이가 마음의 겨울에 된서리를 맞으며 바닥을 쳐봐야 부모의 조언이 살길임을 알게 되리라는 것을 믿고 유산을 남긴다는 마음으로 뚝심 있게 일러주자. 그렇다고 애들이 "존경하는 부모님, 두 분의 혜안이 참으로 대단하십니다. 감사하옵니다"라는 말은 절대로 할 리 없지만 성장 마음가짐을 일러주었던 부모의 말 또한 절대로 땅에 떨어지지 않는다. 심리상담을 하다 보면 상담자의 역할은 내담자가 '다시 시작하게 하는 게 다인 것 같다'는 생각이 들 때가 있다. 정신분석적 치료를 한다 치자. '내가 이렇게 자존감이 낮은 게 어렸을 때 엄마가 오빠만 위해서 그랬던 거구나'라고 깨닫게 되면 '내 잘못이 아니란 말이지? 엄마 때문이란 거지? 그럼 나는 이제 다 컸으니 스스로 자존감을 가지면 되겠네' 이렇게 다짐하면서 살아가다가 다시 엄마를 대체할 소중한 대상을 만나면서 삶의 의미를 되찾는다. 인지치료를 한다 치자. '내가 이렇게 불안한 게 모든 사람들로부터 사랑을 받아야 한다고 말도 안 되는 생각을 해서 그랬던 거구나'라고 깨닫게 되면 '그럼 좀 현실적으로 사고방식을 바꾸면 마음도 편해지겠네' 이렇게 인식의 전환을 하며 다시 살아가다가 생각지도 못했던 것에서 행복을 찾게 된다. 한번만 다시 해보는 것, 모든 성공은 거기에서 시작한다.

처음부터 너무 잘하려 하지 말자. 드웩의 연구를 보더라도, 칩히스가 감탄했던 것처럼 8주 만에 효과가 나타나기도 했지만 보통 1년 이상 걸렸다. 무엇보다도 부모는 드웩처럼 실험자도 연구자도 아니다. 또한 자식을 가르치는 것은 연구 대상인 학생을 가르치는 것에 비해 훨씬 어렵다. 그러나 역으로 생각해보면 우리는 1년 안에 성과를 내야 한다는 부담이 없다. 성장 마음가짐을 준비시키는 것을 아이가 열 살부터 한다 쳐도 무려 10년의 시간이 있다. 일찍 시작하면 훨씬 더 긴 시간이 있다. 무엇보다도 우리에게는 기댈 수 있는 강력한 언덕이 있다. 바로 아이의 타고난 본성이다. 모든 아이는 성장의 마음을 타고난다. 아이가 걸음마를 뗄 때를 생각해보라. 수백 번, 수천 번을 넘어져도 다시 일어난다. 그냥 성장 마음가짐 그 자체이다. 그토록 장엄한 정신을 가졌던 아이가 어느 순간부터 한 번만 넘어져도 나동그라지게 되었는지 불가사의하다. 나는 좀 웃긴 생각을 해보았다. 아이들이 걸음마를 뗄 때는 시기까지는 부모의 말과 감정을 제대로 이해하지 못하기 때문에 그렇게 계속 일어나는 게 아닐까 하고 말이다. 아이가 넘어질 때마다 부모가 "에구, 또 넘어졌네. 도대체 언제 제대로 걷는 거야? 그게 그렇게 어려워? 아니, 한 발을 내디뎠다가 얼른 다른 발을 내디디면 되는데 연습을 제대로 하긴 하는 거야? 머리가 나쁜가? 노력을 안 해, 그저 먹는 것만 찾고" 이런 말을 한다 해도 무슨 뜻인지, 무슨 감정인지 모르니까 전혀 개의치 않고 헤실헤실 웃으며 그저 부지런히 자기 할 일을 하는 게 아닐까. 이러던 아이가 성장의 마음을 멈춘다면 자신의 노력을 낮게 평가하는 사람들의 무분별한 비난과 비평 때문이 아닐까. 말이 칼이 되어 성장의 마음을 싹둑싹둑 자르는 게 아닐까.

잠시 딴 얘기로 돌았지만 성장 마음가짐이야말로 인간의 본성이고 고정 마음가짐이 잘못 학습된 것이다. 잘못 학습된 것을 제자리로 돌려주면 아이는 이미 피워낸 적이 있었던 성장의 본성을 별 어려움 없이 다시 피워낼 수 있다. 부모는 그들이 본성의 꽃을 아름답게 피워내게끔 쾌활한 목소리로 분위기를 달궈주고 진지하게 방향을 짚어주면 된다. 쾌활함과 진지함, 두 가지를 잊지 말자. 한 가지 더, 아이가 부모 말을 알아듣기 시작하면 말조심, 감정조심을 불조심만큼이나 각별하게 하는 것도 잊지 말자.

김치 명인들에게 비결을 물어보면 "비결은 없어요. 그냥 10년 넘게 하다 보니 이렇게 되었네요"라는 말을 흔히 듣는다. 마찬가지로, 성장 마음가짐을 단박에 갖게 하는 비결 같은 것은 없다. 반복적인 자기지시가 유일한 비결이라면 비결이다. 아이가 계속 자신을 타이르도록 부모가 계속 격려해야 한다는 뜻이다. 드웩도 이런 점을 간파하여 성장 마음가짐에 이르는 4단계에 '교육과 동행'이라는 표현을 썼을 것이라고 생각한다. 드웩이 제시한 4단계는 아래와 같다.

1단계(인정) 자신에게 고정 마음가짐이 있는지 살펴보고 인정한다.

2단계(파악) 무엇이 고정 마음가짐을 자극하는지 알아낸다.

3단계(명명) 고정 마음가짐에 이름을 붙여준다.

4단계(교육과 동행) 고정 마음가짐을 교육시키고 내 여정에 동행하게 한다.

이 중에서 3단계와 4단계에 대해 좀 더 설명이 필요할 듯하다. 3단계는 고정 마음가짐에 이름을 붙여서 이 마음이 들 때마다 이름을 부르며 각성하라는 뜻이다. 가령 내게 상담을 받던 청소년들 중 영숙이는 '앵숙'이라는 이름을, 유라는 '유리'라는, 선영이는 '선혈'이라는 이름을 붙였다. 고정 마음가짐이 들 때마다, 즉 패배적이고 비관적인 생각이 들 때마다, 아이들은 내가 가르쳐주었던 대로 이렇게 말했다. "내 앵숙이가 또 뭐라 하네요. 넌 머리가 나쁘다고, 열심히 해도 소용없다고." 때로는 내가 직접 그들의 이름을 부르기도 했다. 실망감에 젖어 있는 아이에게 "또, 또 앵숙이 나온다" 그러면 아이는 "아, 잠깐 방심했네요. 쏘리요"라고 하거나 "그러게요, 금방 고쳐지지 않네요. 점점 나아지겠죠?"라고 말하곤 했다. 참고로, 유라가 '유리'라는 이름을 지은 것은 날카로운 유리처럼 자신의 좋은 점을 베어버리는 마음이라는 뜻이라 했고 선영이가 '선혈'이라는 이름을 지은 것은 선혈이 낭자할 정도로 기분 나쁘게 하는 마음을 절대로 잊지 않겠다는 뜻이라 했다. 재치와 의지가 대단한 아이들이었다. 효과가 좋았던 것은 물론이다. 4단계는 고정 마음가짐을 타이르고(교육) 자신이 성장할 수 있도록 동행시킨다는 뜻이다. 예를 들면 "앵숙아, 네가 자꾸 부정적인 생각을 하는 것은 나를 보호하려고 그러는 거지? 내가 상처받을까 봐? 고마워. 하지만 나는 다시 해볼 거야. 그냥 한번

해보자고. 도와줘" 이렇게 스스로에게 수시로 말하는 것이다.

4단계의 '교육과 동행'을 견고하게 하는 데 일기 쓰기를 추천한다. 실패한 날이라면 일기장을 펼쳤을 때 처음에는 눈물이 앞을 가리겠지만 개의치 말고 쓴다. 어느 시점에 이르면 감정이 순화될 텐데 이때 다시 시작해보겠다는 다짐을 적는다. 글쓰기의 치유 기능을 오랜 기간 연구한 텍사스대학의 심리학자 제임스 페니베이커는 《표현적 글쓰기》에서 15분 정도 쓰기를 제안했다. 그는 일어났던 일을 쓰는 것만으로도 엄청난 감정적 해소가 된다고 했는데 거기에 새로운 마음가짐까지 적는다면 효과는 더욱 좋을 것이다. 일기를 쓴 후 잠자리에 들면 다음 날 아침에 훨씬 말끔한 기분으로 눈을 뜨게 된다. 아침 이슬을 머금은 풀잎처럼 아이는 다시 싱그럽게 그날의 성장을 해나갈 것이다.

지금까지의 내용을 한 줄로 요약하기에 딱 좋은 드웩의 말이 있다. "세상에는 두 종류의 사람이 있다. 똑똑하게 보이려는 사람과 배우려는 사람." 아이로 하여금 똑똑함을 자랑하게 하지 말고 배움에 집중하도록 끌어주자. 실패할수록 오늘 배우고 성장할 점이 무엇인지 생각하도록 도와주자. 그러려면 부모가 먼저 '끝날 때까지는 끝난 게 아니다'라는 말을 입에 달고 살아야 한다. 그리고 늘 아이에게 "오늘은 무엇을 배웠니?"라고 질문해야 한다. 유대인 엄마들의 지혜가 새삼 느껴진다. 그들은 아이가 학교에서 돌아오면 "오늘은 무엇을 질문했니?"라고 물어본다고 한다. 질문을 해야 제대로 배운다는 것을 아는 것이다.

반면 한국 엄마들은 "시험 잘 봤어? 선생님이 뭐라 하셔?"라고 묻는다. 상담실에 오는 지석이라는 학생이 있었다. 상담이 아주 순조롭게 진행되고 있었는데 한 가지 문제라면 내가 하는 말을 계속 수첩에 적느라 집중력이 흩어질 때가 있었다. 무얼 그렇게 꼬박꼬박 적느냐고 물었더니 "집에 가면 엄마가 항상 오늘은 선생님이 무슨 말을 하셨냐고 물어봐서요. 집에 가면 까먹거든요"라고 말했다. 어머님이 "오늘은 무얼 질문했니? 무얼 배웠니?"라고 물어봐준다면 상담이 훨씬 빨리 종료될 것이다. 더 나아가, 평소에 부모가 이렇게 물어봐준다면 아이의 성장력은 눈이 부실 것이다. 아이가 스스로 빛을 내는 날 비로소 부모는 허리를 펼 수 있다. 이제 놀러 갈 일만 남았다.

## 명품 김장독 마련하기: 낙관성으로 무장시키자

김장김치는 담그는 것으로 끝나지 않는다. 발효 과정을 거쳐야 하기에 보관을 잘해야 한다. 그래서 한국인은 예로부터 튼튼하고 깨끗한 김장독을 땅에 묻어 김치를 보관했고 김장독의 현대 버

전인 김치 냉장고가 한국인의 필수 가전이 되었을 정도로 장독을 중요하게 여긴다. 성장 마음가짐의 김장을 한다 해도 장독 자체가 불순물이 가득 있거나 금이 가 있다면 좋은 결과를 얻을 수 없다. 불순물을 제거하여 장독을 먼저 깨끗하게 해야 한다. 마음 장독의 불순물은 바로 비관적인 태도이다.

다섯 살쯤부터 부모로부터 성장 마음가짐을 배웠던 아이가 지금 청소년이 되었다면 해피러너Happy Learner가 되어 있을 것이다. 그리고 공부 이외의 다른 면에서도 잘 적응하고 있을 것이다. 우리나라 청소년들의 스트레스 1위가 압도적인 비율로 공부인바, 가장 큰 스트레스를 해결해주면 그보다 작은 스트레스에 대처할 마음의 여유가 생기기 때문이다. 가능한 한 어렸을 때부터 성장 마음가짐을 가르쳐야 하는 이유이다. 하지만 열 살, 혹은 열세 살이 넘은 아이에게 성장 마음가짐을 갖게 하려면 큰 방해물을 만나게 된다. 그 나이만 되어도 비관성은 이미 꽤 깊게 자리 잡고 있다. 열 살까지는 그래도 티가 나지 않는 아이들이 있는데 중학생만 되면 어디에 그렇게 숨어 있다가 좀비처럼 나타나는지 아침부터 밤까지 해치우고 또 해치워도 계속 비관적인 말을 해댄다. 외부에 대한 인식력이 증가할 때 하필이면 잘나고 멋지고 예쁜 친구들만 눈에 들어와 자신의 존재감이 약해지는 게 큰 원인인 듯하다. 초등학교와 달리 칭찬보다는 비난과 비평을 더 많이 받게 되는 학교환경, 형제간 비교를 당하면서 불필요한 열등감이 촉발되는 가정환경도 큰 비중을 차지한다. 부모가 성장의 길로 인도하려 해도 아이의 마음 자체가 비관성으로 가득 차 있으면 소용이 없다. 말을 물가로 끌고 갈 수는 있지만 물을 마시게 할 수는 없다는 속담처럼, 스스로 물을 마시게 하려면 마음에서 비관성을 비우고 낙관성으로 채워주는 작업부터 해야 한다.

　낙관성이란 무엇일까? 긍정심리학의 창시자로 불리는 마틴 셀리그만은 '미래의 일들이 긍정적인 방향으로 펼쳐질 것이라는 기대, 자신의 행동과 노력으로 인해서 추구하는 목표를 성취할 수 있을 거라는 희망'이라고 정의했다. 한 번 더 요약하면 잘될 거라는 기대와 희망, 자기믿음이라고 표현할 수 있겠다. 셀리그만을 비롯한 긍정심리학자들은 많은 연구를 통해 낙관적인 사람이 학교와 직장에서 더 뛰어난 성취를 보이고 덜 우울해진다는 것을 밝혔다. 또한 낙관성과 비관성이 재능만큼 중요하며 비관적인 사람들은 자신의 잠재력에도 미치지 못하는 성과를 보이는 반면 낙관적인 사람들은 자신의 능력을 웃도는 성과를 보인다고 했다. 심지어 낙관주의자들은 면역 기능이 좋고 통증이 적으며 숙면을 취하여 성인병에 덜 걸리고 스트레스 상황에서도 스트레스 호르몬 수치가 빨리 감소하여 수명도 더 길다는 점을 밝혔다.

한마디로 낙관성은 정신적·신체적 건강을 예측하는 막강한 지표라는 것이 증명되었다. 셀리그만이 자녀에게 줄 최상의 선물은 낙관적인 인생관이라고 피력한 것이 이해가 간다. 게다가 그는 낙관성에 대해 타고난다는 기존의 통념을 엎고 '학습'할 수 있다고 주장하여 많은 부모들과 교사들에게 '가르쳐볼 만하다'는 희망을 주었다.

　그런데 셀리그만이 낙관성에 관심을 가지게 된 계기가 상당히 흥미롭다. 그것을 연구한 초기 과정은 긍정심리학자의 모습과 오히려 거리가 멀었다. 그는 원래 대학원에서 실험심리학을 전공했는데 당시(1960년대)의 학풍에 따라 개들에게 전기충격을 주는 실험을 했다. 연구 예상과 다르게 개들이 피할 수 있는 상황에서도 전기충격을 견디자 개들이 무기력을 학습한 것이 아닐까 생각하며 후속 실험을 했다. 개들을 세 집단으로 나누어 첫째 집단과 둘째 집단에게 전기충격을 주되 첫째 집단은 전기충격 제어 장치가 있어서 전기충격이 올 때마다 피할 수 있게 했지만 둘째 집단은 무조건 전기충격을 받게 했다. 셋째 집단은 전기충격을 주지 않았다. 그다음 셀리그만은 모든 개를 다시 실험 상자에 넣고 전기충격을 주었다. 실험 상자에는 개가 쉽게 뛰어넘을 수 있는 낮은 칸막이를 설치했다. 첫째와 셋째 집단의 개들은 한쪽 칸에서 전기충격을 받을 때 다른 칸으로 뛰어넘었지만 둘째 집단의 개들 중 대부분은 무기력하게 전기충격을 견디고 있었다. 그는 실험 결과가 동물이 무기력을 학습할 수 있음을 보여준다고 여겼고 이후 연구를 계속하여 무기력이 학습될 수 있는 것처럼 낙관주의도 학습될 수 있다는 결론에 도달했다.

심리학에서 새로운 학문적 운동을 일으켰다고 칭송받으며 미국 심리학회장까지 했던 셀리그만이 무력감이나 낙관성 같은 인간의 성격 특성이 후천적으로도 습득이 가능하다는 것을 알기까지 이토록 거친 과정을 거쳤다는 사실에 누구보다도 그 자신이 가장 안타까워했을 것 같다. 그의 실험에 대해 '파블로프(러시아의 동물실험 선구자, 노벨생리학상 수상자)보다 더 잔인했다'는 평가를 내리는 학자들도 있었던 것으로 안다. 예전에 심리학 개론을 강연했을 때 한 대학생이 "말이 전기충격이지 전기고문을 했던 거네요"라며 고개를 절레절레 흔들었던 기억도 난다. 무엇보다도 인간은 무력감을 학습하기 위해 전기충격을 받을 필요가 없다. 별 뜻 없이 하는 말이나 하루에도 수천 번 드는 생각만으로도 그렇게 될 수 있다. 하지만 이런 사실이 학문적으로 검증되기 시작한 것은 셀리그만이 개 실험을 한 후 거의 20년이나 지난 1980년대에 인지치료라는 새로운 학풍이 등장하고 나서였다. 1970년대까지만 해도 인간에게서도 학습된 무력감이 나타날 수 있다는 것을 입증하기 위해 통제가 안 되는 큰 소음을 들려주는 식의 실험이 피크를 이루었다. 좀 전의 그 대학생은 '청각 고문'이라고 표현했을 것 같다. 얘기가 좀 길어졌지만 셀리그만 덕분에 우리는 비관성을 학습할 수 있듯이 낙관성 또한 그렇게 할 수 있다는 가치 있는 발견을 공유하게 되었다.

낙관성 학습은 말과 생각의 습관을 바꾸는 인지치료적 접근의 틀을 따른다. 인지치료 자체는 현재 가장 영향력 있는 심리치료의 하나로 당연히 전문 심리상담가에게 받는 것이 옳다. 하지만 치료라는 거창한 차원이 아니라 '생각 바꾸기' 같은 대화를 통한 접근으로도 충분히 낙관성을 학습시킬 수 있다. 지금부터 '생각 바꾸기' 기술을 배워볼 텐데 소개하는 방법 중 핵심적인 것은 《마틴 셀리그만의 낙관성 학습》의 내용을 인용하거나 참고했다. 하지만 용어를 바꾼 것도 있고 부모들이 이해하거나 실행하기 어렵다고 판단되는 것을 제외하고 세부 내용을 재구성했으므로 원전의 내용을 알고 싶다면 셀리그만의 책을 읽어볼 것을 권한다.


## 내 아이는 낙관적인가?

내 아이가 비관적인지 낙관적인지 어떻게 알 수 있을까? 아이가 평소에 하는 말을 유심히 들어보라. 말끝마다 "내가 이렇지 뭐, 나는 머리가 나쁘고 바보 같아(a). 나는 맨날 이렇게 살다가 볼품

없이 죽을 거야(b). 나는 왜 되는 일이 하나도 없지?(c)"라고 말한다면 비관적이다. 반면 낙관적인 아이는 같은 상황에서도 "시험이 너무 어려웠어. 선생님이 잘못 가르친 것도 있었고(a). 이번 시험은 잘 못 봤지만 앞으로도 기회가 많잖아. 차근차근 성적을 올리면 되지(b). 수학시험은 망쳤지만 영어는 선방했잖아. 수학 공부를 좀 더 하자(c)" 이렇게 말한다. 아이의 말 습관을 전문용어로 '설명양식'이라고 한다. 설명양식이란 어떤 사건이 일어난 원인을 설명하는 방식으로 개인적 차원, 만연성 차원, 지속성 차원으로 세분된다. 좀 어렵게 느껴지겠지만 내용은 그리 어렵지 않다. 위의 예에 표기된 (a), (b), (c)가 세 가지 차원을 순서대로 보여주고 있다.

(a) 개인성 차원: 잘못된 원인을 자신 때문으로 보느냐, 외부 상황 때문으로 보느냐는 것이다. 비관적인 아이는 자기가 바보 같고 머리가 나빠서 시험을 망쳤다고 생각하는 반면 낙관적인 아이는 시험이 어려웠거나 선생님이 잘못 가르쳤다고 생각한다.

(b) 지속성 차원: 나쁜 일이 항상 일어난다고 생각하느냐, 가끔 일어난다고 생각하느냐는 것으로 시간의 의미가 있다. 비관적인 아이는 나쁜 일이 앞으로도 계속 일어날 거라고 믿는 반면 낙관적인 아이는 일시적으로 일어난 것이라고 생각한다.

(c) 만연성 차원: 모든 영역에서 전부 실패했다고 보느냐, 일부

에서만 실패했다고 보느냐는 것으로 영역의 의미가 있다. 비관적인 아이는 자기가 잘하는 게 하나도 없다고 생각하는 반면 낙관적인 아이는 일부만 못한다고(못했다고) 생각한다.

요약을 해보면 낙관적인 아이는 나쁜 일이 생겨도 자신이 아닌 외부에서 원인을 찾아보고, 계속 일어나는 게 아니라 일시적으로 일어났다고 보며, 모든 부분에서가 아니라 그 부분에서만 문제가 있다고 본다. 낙관성을 학습시킨다는 것은 이런 낙관주의자의 관점을 갖도록 한다는 것이다. 즉, 생각을 바꾸도록 연습시키는 것이다. 우리 문화에서는 일이 잘못됐을 때 외부 탓을 하는 사람을 좋지 않게 보는 경향이 있는데 모든 상황에서 그렇다면 문제가 되겠지만 자신의 능력에 대해 심하게 비관하고 무력감을 느낄 때는 일단 외부로 원인을 돌려 자신감과 동기를 회복하는게 먼저이다.


## 사건-생각-결과(사생결) 흐름 이해하기

설명양식을 찾았으면 일상생활에서 이런 생각의 패턴이 자동적으로 나타난다는 것을 알아차리게 한다. 사건-생각-결과 흐름을 이해하면 쉽다. 줄여서 '사생결'이라 부르면 어떨까 싶다. 아이를 비관의 구렁텅이에서 끌어내기 위해 '사생결단'의 각오로 임한다는 농담을 떠올리면 쉽게 기억할 수 있다. 위의 예로 사생결의 흐름을 설명해보자. 시험을 잘 못 봤다(사건) → 내가 머리가 나쁘고 바보 같아서 못 봤다(생각) → 절망적이다(결과). 어떤 사건에 대해 생각할 때 거의 대부분 이 흐름을 따른다는 것을 알게 된다. 아이가 의기소침해 있거나 오랫동안 화를 낼 때는 이 흐름을 적어보게 한다. 그런 다음 부정적인 감정('절망적이다')이나 행동('책을 던진다')이 어떤 사건 때문에 곧바로 일어나는 것이 아니라 그 사건에 대한 왜곡된 생각으로부터 생긴다는 것을 깨닫게 한다. 예를 들어, 시험을 잘 못 본 것은 사실이지만 '내가 바보 같아서 못 봤다'는 생각은 근거가 없고, 설사 순간적으로 '바보 같다'는 생각을 할 수도 있겠지만 그 때문에 '절망적이다'라고까지 단숨에 연결하는 것은 잘못임을 알게 하는 것이다. 아이의 왜곡된 생각에 설명양식 중 어떤 것이 포함되어 있는지 찾아보게 한다. 한 가지만 있을 때도 있지만 대부분은 세 가지 모두 들어 있다.

생각 바꾸기에 성공하려면 부모가 먼저 연습을 하면 좋다. 아래 예에서 _____ 부분을 완성해보자.


예제 1

사건) 방을 치우지 않는다고 애한테 소리를 질렀다.

생각) 내가 형편없는 엄마라고 생각했다.

결과) 나는 _____을 느꼈다(또는 했다).

예제 2

사건) 친한 친구가 전화를 받지 않았다.

생각) 나는 _____라고 생각했다.

결과) 나는 하루 종일 우울했다.


이 외에도 많은 상황을 연습하여 사생결의 흐름에 익숙해지도록 하자. 그래야 아이의 생각 흐름을 빨리 알아챌 수 있다. 연습을 해보면 부모 또한 상당히 '지속적이고 만연적이며 개인적인' 설명양식을 갖고 있음을 알게 되어 아이의 심경이 더 잘 이해될 것이다. 이는 다음 단계에서 할 '반박하기'에 도움이 된다.


## 생각 바꾸기

원하지 않은 결과가 벌어졌을 때(우울해졌다, 불안해졌다, 화가 났다 등) 이를 바꾸는 방법은 두 가지가 있다. 하나는 선행사건을 바꾸는 것이고 다른 하나는 생각을 바꾸는 것이다. 하지만 선행사건을 바꾸기란 쉽지 않다. 나를 무시하는 친구는 만나지 않는 것처럼 바꿀 수 있는 사건도 있지만 시험 결과처럼 바꿀 수 없는 사건들이 더 많다. 이미 벌어진 사건에 대해서는 생각의 방향을 바꾸는 것이 근본적인 해결책이다. 아이에게 이것을 알게 하여 생각을 바꾸도록 해야 한다. 무엇보다, 생각 바꾸기만 해도 기분이 나

아짐을 알게 하는 것이 중요하다. 앞의 예에서 "시험이 너무 어려웠어. 선생님이 잘 못 가르친 것도 있었고. 이번 시험은 잘 못 봤지만 앞으로도 기회가 많잖아. 차근차근 성적을 올리면 되지. 수학시험은 망쳤지만 영어는 선방했잖아"라고 말하는 아이의 표정이 어떨지 떠올려보자. 울며불며 이런 말을 할 수는 없다. 여유 있는, 심지어 약간의 미소도 띤 표정일 것이다. 말과 생각의 힘이 이 정도로 강하다. 오죽하면 안 좋은 상황에서 일부러라도 그런 표정을 지으라는 말이 있을 정도이다. 이는 '안면피드백 이론'에 의한 것으로, 웃는 표정을 지으면 뇌로 '안심이다'라는 피드백이 전해지고 그러면 뇌는 이내 기분을 안정시킨다.

생각 바꾸기의 핵심 수단은 '반박하기'이다. 자신의 비관적인 관점이 틀렸다고 반박해보는 것이다. 처음에는 부모가 아이의 생각을 반박하는 시범을 보이는 게 좋다. 이를테면 시험을 잘 못 본 게 머리가 나빠서라고 생각하는 아이에게 그런 연결이 틀렸다고, 머리가 나쁜 것은 사실이 아니라고 반박하는 것이다. 이를 위해 과거 10년의 증거를 들이밀어야 할 때도 있다. 변호사가 공격적으로 상대방의 주장을 반론하듯이 아이의 왜곡된 생각을 반박하라. 또 다른 긍정심리학자인 바버라 프레드릭슨이 소개했던 펜실베이니아대학교 회복력 프로그램 방법도 써볼 만하다. 종이로 카드를 만들어 평소 자주 하는 부정적인 생각을 적은 후 카드를 뒤

섞어 아무것이나 하나 뽑아서 소리 내어 읽는다. 마지막으로 최대한 빠르고 철저하게 그것을 반박하는데 큰 소리로 단호하게 반박하는 것이 좋다. 추가로 제안해본다면 반박 내용을 카드 뒷면에 적는 것이다. 원래의 생각은 빨간색으로, 반박 내용은 '그린라이트'처럼 초록색으로 써보자. 카드를 세어봄으로써 자신이 얼마나 비관적인지를 쉽게 알 수 있다는 장점도 있다. 기분이 울적할 때마다 초록색 글자들을 큰 소리로 읽으면서 심기일전하도록 한다.

셀리그만이 제시한 팁 중에 재미난 것이 있다. '목소리의 객관화'로, 자기반박을 잘하지 못한다면 친구나 가족에게 자신을 비난하는 역할을 맡기는 것이다. 단, 진심으로 신뢰할 수 있어서 그 앞에서 방어적인 태도를 취하지 않을 사람이어야 한다. 그 사람이 비판을 하면 모든 방법을 동원해 큰 소리로 반박해본다. 다른 방법으로는 자기가 제일 싫어하는 아이가 자기를 비판한다고 상상해보게 하는 것이다. 내 경험상 청소년에게 이 방법이 잘 맞는다. 소위 '밥맛없다'는 친구가 자신에게 '머리가 나쁘다, 바보 같다'고 말하는 것을 상상해보라고 하면 부글부글하며 훨씬 쉽게 반박한다. 나이 어린 아이에게는 손가락 인형을 이용하는 방법도 효과가 좋다. 반박은 결국 토론의 한 과정이므로 토론을 이미 시작한 가정이라면 어떤 방법을 쓰든 별 어려움 없이 진행할 수 있다.

## 그건 사실이 아니잖아요

반박하기를 시도할 때 아이들이 많이 하는 질문이다. 자신의 능력 부족 때문이 아닌 걸로 생각하자고 하면 "부족한 거 맞잖아요"라고 한다든지 시험이 어려웠다고 생각하자고 하면 "그래도 잘 본 애들이 있잖아요"라며 따박따박 '진실'을 주장하는 아이들이 많다. 오히려 정직한 아이들이 더 그런다. 정직한 아이는 참으로 귀한 성품을 가졌다. 부모가 반드시 키워줘야 할 도덕성 부분에서 아주 중요한 것을 갖추었다. 다만, 정직함이 지나쳐 고지식해지면 생각 바꾸기가 매우 어렵다. 이런 아이들은 좋지 않은 결과에 대해 자신의 문제가 아니라 외부적 문제로 보자고 하면 "얼굴에 철판 깔라고 하는 것 같네요"라는 말을 하기도 한다. 솔직히 그들의 판단이 맞을 때도 있어서 더욱 난감해진다. 하지만 이럴 때도 해법은 결국 반박하기이다. 사실이 반드시 중요한 것은 아니라는 것, 사실이 진실인지는 지금은 알 수 없다는 것, 사실이어도 그 때문에 정신까지 황폐화될 필요는 없으며 어떻게 해야 이로울지 생각해봐야 한다는 것 등의 논지로 차분하게 반박하면 된다. 아이와의 대화에 녹여본다면 다음과 같은 말이 될 것이다.

"무엇이 사실이지? 네가 능력이 부족하다는 확실한 증거가 있어?"

"그게 사실일 수도 있지만 절대적인 진실은 아니잖아. 이번 시험은 망쳤지만 이게 너의 영원한 점수는 아니잖아."

"그게 사실일 수도 있지만 그걸 꼭 그렇게 절망적으로 받아들여야 해? 밥도 안 먹을 정도로 우울할 필요가 있는 거야?"

"세상이 불공평하다고? 맞아. 하지만 그런 생각이 네게 무슨 도움이 되지? 이 시기를 극복하고 세상이 공평해지는 데 기여해보렴."

처음에는 부모가 이렇게 대화를 유도할 수 있겠지만 궁극적인 목표는 아이 스스로 하는 것이므로 다음의 네 가지 질문을 늘 하게 한다.

- 그것이 사실인가?(증거가 있는가)
- 다르게 볼 여지는 없나?(대안적 관점)
- 사실이라 해도, 그래서 어떻다는 것인가?
- 그 생각이 쓸모가 있나?(이럴 가치가 있나)

흥미로운 것은 정직한 아이는 부모도 또한 정직성이 높아서 이런 대화를 한다는 것 자체를 불편해한다. 마치 모사가謀士家가 되는 느낌이라나. 앞에서 언급했던 닐 로즈는 UCLA의 사회심리학자 셸리 테일러의 연구를 소개한 적이 있다. 테일러는 20년간의 장기 연구를 통해 심리적으로 가장 건강한 사람들은 현실을

208

완벽하게 정확한 시각으로 바라보는 사람이 아니라 오히려 현실을 체계적이면서 상습적으로 왜곡하여 현실을 실제보다 약간 더 좋게 보는 사람이라고 했다. 로즈는 한술 더 떠 인간이 자신보다 남을 더 비난하고 다른 사람의 불행을 기뻐하는 행동을 하는 것은 건강한 심리적 면역체계가 작동하고 있다는 증거라고 했다. 이렇게까지 할 필요는 없겠지만 정직이 모든 상황에서 최고선은 아니다. 너무 힘들 때는 철판이 아니라 강판을 깔아서라도 일단 살고 볼 일이다. 셀리그만의 책에는 낙관주의를 '희망의 생물학'이라 부른 라이오넬 타이거의 말이 나온다. 타이거는 인간이 진화 가능했던 까닭은 현실에 관한 낙관적 환상 때문이었다며 그런 환상이 없다면 4월에 씨를 뿌려 가뭄과 기근을 무릅쓰고 10월까지 버틴다거나, 몇 세대를 거쳐 완성될 대성당을 짓는 등의 무모한 행동을 어떻게 했겠느냐고 반문한다. 그가 낙관주의를 말하면서 생물학까지 거론한 이유는 낙관주의야말로 우리 생生의 원동력이기 때문이라고 짐작한다. 하기야 낙관 없이 단 하루도 살 수 있겠는가.

내가 상담했던 청소년은 이런 말을 한 적이 있다. "성적을 올릴 수만 있다면 영혼이라도 팔겠어요." 그 말이 얼마나 짠하게 들렸는지 모른다. "그깟 성적이 뭐라고" 식의 말로 응대하기에는 너무도 깊은 고뇌가 느껴졌다. 영혼을 파느니 영혼을 잠시 속이는 모사가가 되어 회복의 시간을 확보하는 게 낫지 않겠는가. 낙관적으로 생각해야 성적도 좋으니 말이다. 정직함은 사회생활에서 보석 같은 덕목이지만 자신의 능력에 관해서만큼은 정직하다는 표현이 가능한지조차 모르겠다. EBS의 〈학교란 무엇인가〉에서 보았던 황당한 일화가 생각난다. 미국 유명 대학의 영재선발 시험에서 고득점을 받은 교포 학생이 한국의 어학원 레벨테스트에서 50점대를 받아 어학원 원장으로부터 "실력이 중위권이기 때문에 강행군이 필요하다"는 말을 들었다는 것이다. 내 능력을 평가하는 세상의 잣대가 '정직'하지 않은데 왜 본인만 정직해야 할까.

정직한 부모가 계시다는 것은 경의를 표할 일인데 아이의 마음만 생각한 나머지 너무 심각했나 보다. 정말 문제가 되는 것은 비관적인 부모인데 말이다. 부모는 아이에게 강력한 동일시 대상이기 때문에 부모가 비관적이라면 딱히 아무것도 안 해도 평소의 말과 행동만으로도 아이를 비관적으로 만든다. 백 번, 천 번 부모의 말 습관을 주의해야 한다. 평소에는 부모 말에 귀도 기울이지 않던 아이도 엄마가 "아, 정말, 왜 나한테만 항상 이런 일들이 생기지? 나는 정말 답이 없어, 난 너무 매력 없어"라고 말할 때는 귀신같이 듣고 내재화한다. 청개구리 동화가 괜히 나온 것이 아니다. 인간은 부정적인 것에 끌리는 본성이 있다. 부모뿐이

랴. 어떤 여성은 어렸을 때 할머니가 습관처럼 뱉었던 "여자가 죄가 많다"는 말을 고스란히 자기 것으로 삼아 결혼생활에도 영향을 받았고 심지어 자신의 딸에게도 똑같은 말을 하고 있음을 알고 소스라치듯이 놀랐다고 고백한 적이 있다.

비관적인 부모는 자신이 비관적이다 보니 그런 말투에 익숙해져 아이의 말을 허투루 듣고 제때 교정해주지 않는다. "나는 머리가 별로 안 좋은가 봐. 난 원래 수학에 약해"라고 말하는 아이에게 "웃기고 있네, 공부하기 싫으니 별 핑계를 다 대네"라고 말하는 대신 "설마, 너 정말 그렇게 생각하는 거 아니지? 정말이면 엄마랑 얘기 좀 해야겠는걸" 이렇게 대화를 시작해야 한다. 생각보다 많은 아이들이 뚜렷한 근거도 없이 자기가 머리가 나쁘다고 말한다. 부모가 긍정적이어도 아이를 긍정적으로 키우기가 쉽지 않은 세상이다. 부모가 먼저 낙관성으로 무장하여 그 쉽지 않음을 조금이라도 가볍게 해보자.

### 생각 바꾸기가 힘들 경우

생각 바꾸기는 말 그대로 '생각'을 해야 가능하다. 그런데 생각을 할 여유조차 없을 정도라면? 이럴 때 사용하는 방법으로 '관심 돌리기'와 '주의 돌리기'가 있다. 관심 돌리기는 부정적인 정서를 유발하는 상황으로부터 다른 대상이나 활동으로 관심을 돌리는 것이다. 가장 좋은 방법은 몸을 움직이는 것으로, 운동, 달리기, 걷기, 악기 연주, 미술 활동 등이 있다. 이보다는 수동적이지만 영화 보기, 1시간 이내의 게임이나 텔레비전 보기, 맛있는 음식 먹기 등도 아주 효과가 좋다. 관심 돌리기 측면에서 보자면 아이가 100점을 받아왔을 때 피자를 먹을 게 아니라 반대로 하는게 맞다. 물론 자꾸 그러다 보면 피자를 먹기 위해 시험을 못 보는, 아주 극히 희박한 일도 벌어질 수는 있겠지만 중학생만 되어도 그 정도는 분간할 수 있다. 아이 영혼의 힘을 믿어보자.

주의 돌리기는 부정적인 생각을 차단하는 것이다. 그런 생각이 들 때마다 손목 밴드를 세게 잡아당기거나 찬물로 세수하면서 "그만!" 하고 외친다. 걱정거리를 종이에 간단하게 적었다가 '걱정 시간'을 따로 만들어 그 시간에만 생각해보는 방법도 있다. 한동안 유행했던 걱정 인형을 이용하는 것도 좋겠다. 부정적인 생각이 들 때마다 주먹을 쥔 후 마치 그 생각을 떠나보내는 것처럼 주먹을 펴는 것도 추천한다. 1시간에 주먹을 몇 번 쥐었다 폈는지 알면 자신의 생각 습관 파악에도 도움이 된다.

관심 돌리기와 주의 돌리기는 진지하거나 복잡한 것을 싫어하는 청소년에게 오히려 더 맞을 수 있으며 반박하기보다 기분 전환이 빠르다는 장점이 있다. 하지만 장기적으로는 반박하기가 가장 효과가 좋다는 것을 명심하자. 습관적으로 하는 비관적인 생각을 한 번만이라도 성공적으로 반박하여 낙관적 태도를 가져본다면 이후 비슷한 상황에서 큰 힘들이지 않고 합리적으로 대처할 수 있게 되므로 반영구적인 대처 기술을 하나 갖게 되는 셈이다. 기분 전환용 방법과 차원이 다르다.

비관적인 생각을 낙관적으로 바꾼다 했을 때 기분만 좀 좋아지는 것이지 정말 문제가 해결될까? 그 비결은 낙관적인 태도가 확산적 사고를 갖게 한다는 데 있다. 사고가 확장되면 대안을 찾기가 쉬워진다. 브랜다이스대학교의 연구자들은 정교한 안구추적 기술을 사용하여 이를 입증했다. 이들은 실험대상자에게 무작위로 긍정 정서를 주입한 뒤 컴퓨터 화면에 나타나는 사진을 보게 하면서 카메라로 안구 움직임을 기록했다. 사진은 한 번에 세 장씩 제시했는데, 한 장은 가운데에 두 장은 가장자리에 배치했다. 실험 결과, 긍정 정서를 주입받은 사람들은 그렇지 않은 사람들에 비해 주변 사진을 더 많이 보았다. 코넬대학교 연구원들은 한층 더 재미있는 실험을 했다. 의사들에게 환자를 진료하면서 진단 과정을 소리 내어 말하게 했는데 놀랍게도 사탕 같은 작은 선물을 받아 기분이 좋았을 때 질병의 정보를 보다 잘 통합했을 뿐 아니라 성급한 판정으로 이어질 수 있는 초진에 덜 얽매이는 경향이 있음을 밝혔다. 바버라 프레드릭슨 역시《내 안의 긍정을 춤추게 하라》에서 대규모 대학생 집단에게 5주 간격으로 두 번의 설문조사를 통해 긍정 정서가 높을수록 문제 상황에서 더 많은 해결책을 찾았음을 입증했다.

셀리그만도 이미 지적했듯이 낙관성이 만병통치약은 아니다. 하지만 일단 무언가를 시도해보려 할 때, 특히 실패를 딛고 다시 시작하고자 할 때 이만한 베이스캠프가 없다. 명확한 현실 직시를 하지 않는다든지 실패에 대한 책임을 회피하는 등의 모습만 조심하여 현명한 낙관성을 가지도록 이끌어주자.

## 보다 쉬운 낙관성 학습법: 감사하기

### 매슬로의 이론을 뒤엎는 삶의 무기

지금까지 살펴봤던 방법에 비해 더 쉬운 방법이 있다. 감사하기이다. 감사를 한다는 것 자체가 지금 상황을 긍정적으로 바라봐야 가능하다. 천성이 낙관적인 사람들은 감사를 많이 하지만 거꾸로 감사를 자주 해도 낙관적인 성향으로 가게 되어 있다. "감사합니다!" 해보라. 자연스럽게 입꼬리가 올라간다. 앞에서 보았던 안면피드백 이론대로, 입꼬리를 올려주는 것만으로도 금세 기분이 좋아진다. 기분 좋은 표정은 낙관적인 사람의 외현적 특성이기도 하다. 그리 감사할 수 없는 상황에서도 일단 감사거리를 찾는 습관을 들이도록 하자.

예전에 연구를 하던 중에 감사의 습관이 정말 중요하다는 것을 실감한 적이 있다. 심리학자 매슬로의 이론에 관한 연구였다. 매슬로는 인간의 욕구 위계 5단계를 제시했는데 1단계는 생리적 욕구(호흡, 음식, 수면 등), 2단계는 안전의 욕구(신체적, 정서적 안전), 3단계는 사랑과 소속의 욕구(사랑받는다는 느낌), 4단계는 자존감의 욕구(가치 있는 존재라는 느낌), 마지막으로 5단계는 자아실현 욕구(공부, 일, 생산, 창조 등)이다. 하위 단계의 욕구인 생명과 안전과 사랑의 욕구가 충족되어야 최상위 단계인 자아실현 욕구가 온전히 발현된다고 주장한 그의 이론은 광범위하게 검증되었으며 임

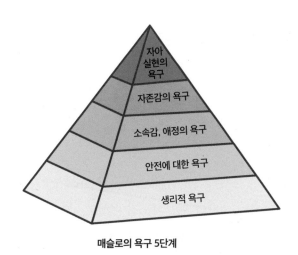

**매슬로의 욕구 5단계**

상에서도 상당한 타당성을 갖고 있다.

　나는 하위 단계 만족감이 높을수록 자아실현의 만족감도 높게 나오는지를 수치로 직접 확인하고 싶었고 동시에 '하위 단계 만족감이 낮은데도 자아실현 만족감이 높은 사람들이 있는지'와 '있다면 그 원인은 무엇인지'에 호기심이 생겨 설문조사를 했다. 대상은 교사 연수에 참석한 186명의 중고등학교 교사들로, 평균 연령은 40세, 교사 경력은 1년에서 35년까지로 평균 12년이었다. 이들에게 각 단계의 만족감을 1에서 10의 범위에서 평가하도록 하되 자아실현 만족감은 현재 시점에서, 아래 1~4단계 만족감은 과거 10~12세 시점에서 평가하라고 하였다. 연구 결과, 1~4단계 모두 각 단계별 평균 7점의 만족감을 보였고 자기실현 만족감도 평균 7점으로 나와 매슬로의 주장이 옳다는 것을 확인할 수 있었다. 이 연구는 하위 1~4단계 만족감을 지금 시점에서 뒤늦게 점수를 매기는 후향평가라는 문제가 있긴 하다. 현재 만족감이 높으면 과거에 대해서도 만족스러운 평가를 내리는 경향이 있기 때문이다. 하지만 내가 정말 흥미를 가졌던 대상은 하위 단계 만족감이 낮은데도 자기실현 만족감이 높은 사람들이었기 때문에 이런 문제의 영향은 없다고 판단된다.

　1~4단계 만족감의 평균이 6점 이하이지만 자기실현 만족감은 7점 이상인 분들을 찾아보니 186명 중 23명으로 12.4퍼센트

에 해당되었고 1~4단계 만족감의 평균을 5점 이하로 내려 잡으면 전체 사례의 7퍼센트인 13명이 해당되었다. 즉, 전체 흐름은 매슬로의 이론이 맞지만 하위 단계 만족감이 낮음에도 상위 단계 만족감이 높은 사람들도 있다는 결과가 나온 것이다. 이 중에는 심지어 하위 1~4단계 점수가 1점인 분들도 있었다. 그중 한 분은 교사 경력 34년째인 남성으로 어려서 부모를 모두 여의고 친척집을 전전하며 갖은 고생을 하며 컸다고 하는데도 현재 자아실현 만족감이 10점이었다. 만면에 웃음을 띠고 있었고 얼굴에서 빛이 났다. 이분을 비롯한 23명, 특히 13명의 교사들께 집중적으로 "어렸을 때 힘들게 자랐는데도 교사로 성공한 원인이 무엇이라 생각하십니까? 자아실현을 하게 된 원인이 무엇이라 생각하십니까?"라고 질문했다. 대다수가 "좌절하지 않고 긍정적으로 생각하고자 했다"고 답했다. 이어서 "그 상황에서 가장 많이 들었던 감정은 무엇입니까?"라고 물었다. 답은 "감사"였다. 마지막으로 "감사하기가 힘든 상황인데도 감사를 할 수 있었던 비결이 무엇입니까?"라고 질문했을 때 그들은 한결같이 이렇게 말했다. "그나마 다행인 것, 아직 내게 남아 있는 것을 찾았습니다. 잘 방이 있어서, 학교에 갈 수 있어서, 학원에 갈 수 있어서, 나를 이해해주는 선생님을 만나서, 나를 위해 희생하는 어머니가 있어서, 신의 사랑을 느낄 수 있어서…."

낙관성을 키우는 쉬운 방법으로 감사하기를 언급했지만 감사는 어떤 방법의 차원을 넘어 삶을 지탱시키는 주춧돌 같은 것이라고 생각한다. 이 교사분들이 힘들었던 상황에서 부정적인 생각이 들 때마다 앞에서 살펴보았던 설명양식 찾기, 생각 바꾸기, 반박하기를 할 수 있었겠는가? 가르칠 부모님이 아예 없었던 분도 많았다. 그래도 살아보겠다고 자신을 믿으며 버티어낼 때 본능이 이끄는 대로 찾은 방법이 바로 감사하기였다. 그나마 다행인 것을 찾아보는 것은 그 어떤 논리적 방법보다 명쾌하고 강력하다. 복잡한 과정을 거치지 않고도 '다행인 것' 하나만 찾으면 즉시 안심이 되어 기분이 나아진다. 그리고 세상을 긍정적으로 볼 수 있게 되어 다시 살아보게 한다. 하위 단계 만족감이 1점이었던 사람도 감사하기를 통해 광휘로운 자아실현을 이루어냈다면, 그보다 훨씬 높은 점수대에 있을 지금의 청소년들이 감사하기를 한다면 그 인생의 풍족함은 생각만 해도 배가 부르다. 아이가 어떤 상황에 있더라도 단 하나의 다행거리도 찾아내지 못할 수는 없다. 힘든 상황에 처했다면 부모가 지혜를 더 짜내어야 한다는 것만 다를 뿐이지 다행인 점은 반드시 찾아줄 수 있다. 앞서 언급했던 일기 쓰기에 감사하기를 추가하여 아이 스스로 다행인 점을 찾는 습관을 가진다면 더할 나위 없겠다.

지금까지 기술했던 방법 모두 부모가 솔선수범할 때 더욱 좋은 효과가 나타나지만 감사하기는 정말로 부모가 먼저 습관화해야 한다. 아침에 일어나자마자 가장 먼저 할 말은 "감사합니다"이다. 눈을 떠서 감사하고 간밤에 집이 없어지지 않아서 감사하고 멀쩡한 팔다리로 벌떡 일어날 수 있어서 감사하다. 이렇게 감사를 되뇌면 표정은 자동적으로 편하고 예쁘게 되니 그 얼굴로 아이 방에 가서 역시 감사의 주문을 외우며 평화롭게 하루를 시작하도록 도와주자. 학교에 가면 감사한 것이다. 학교에서 무사히 돌아오면 또 감사한 것이다. 수학을 28점 받아왔다면 아주 잠깐 혈압이 올라갈 수도 있겠지만 "이 점수를 받으면서도 씩씩하게 시험 시간을 버티고 왔으니 참으로 대견하다"며 칭찬할 수 있으니 감사하며 혈압을 내리면 된다. 감사하기는 아이의 낙관성 학습 이전에 부모가 하루하루를 버티기 위해서도 필수적으로 해야 할 일이다. 매사에 감사하는 낙관적인 부모는 아무것도 안 해도 그 존재만으로도 아이에게 '인생 한번 살아볼 만하다'는 생각을 하게 한다. 그야말로 고수들이나 쓴다는 무위無爲의 기술이다.

### 나쁜 일 한 번, 좋은 일 세 번

낙관적인 사람이 되려면 스트레스 관리도 필수적이다. 지금까지 기술한 낙관성 학습의 기술들은 어떻게 보면 사후약방문 격일 수도 있다. 실컷 스트레스를 받게 하여 세상 살맛 싹 가시게 한 후 '이제 그만 낙관성으로 바꿔 입자'는 식이랄까. 부모는 아이가 스트레스를 전혀 안 받게 할 수는 없지만 그 강도를 최소화해 줄 의무가 있으며 불가피한 스트레스의 충격을 완화시킬 수 있는 방법에도 공부 못지않게 관심을 기울여야 한다. 청소년 스트레스 연구자들은 '연료가 바닥난다'는 표현을 많이 쓴다. 에너지가 고갈된다는 뜻이다. 청소년이 하루 종일 고된 일을 하는 것도 아닌데 무슨 연료가 바닥나느냐고 생각할 수도 있겠지만 이들도 고충이 많다. 청소년이 학교에서 돌아오자마자 하는 행동을 본 적이 있으신지. 남학생은 가방과 교복 넥타이를 현관 앞에 휙 던지고 여학생은 문을 쾅 닫고 자기 방으로 들어가 교복을 입은 채로 침대에서 "으아악!" 소리를 지른다. 이후에는 벽 쪽으로 누워 핸드폰으로 광속의 댓글을 올리는 것이, 상사에게 엄청 쪼인 회사원 저리 가라이다. 혹시나 해서 학교에서 무슨 일이 있었냐고 물어보면 매일 그날이 그날인데 무슨 일이 있었겠냐고 신경 끄라고 한다. 특별한 일이 없었는데도 이런 모습을 보인다면 원인은 하나밖에 없다. 학교 자체가 스트레스인 것이다. 하루 종일 이 선생님, 저 친구 눈치 보고 재미도 의미도 없는 수업 시간에 졸며 딴짓하며 버티다 온 것만으로 이미 하루치의 스트레스가 한계 상황에 달해 있다.

방과 후에 운동이든 산책이든 몸을 움직이게 하고 음악 듣기, 춤추기 등을 통해 부정적 감정을 털어버리는 시간이 있어야 한다. 크로스워드나 독서와 같이 마음이 차분해지는 활동도 좋다. 청소년이 별로 좋아하지는 않지만 심호흡을 하고 눈을 감고 있는 것만으로도 긴장이 풀린다. 명상을 하면 더욱 좋다. 청소년이 가장 좋아하는 것은 친구들과 수다 떨기이다. 맛있는 음식이 있으면 금상첨화이다. 게임은 그 자체로도 재미있지만 친구와 같이 시간을 보내려는 목적도 있다. 방과 후 수업까지 하고 오면 이미 해가 저물어 몸을 움직이는 시간을 갖기 힘드니 학교에서 점심 후나 방과 후, 수업 전에 운동장을 걸으며 햇빛을 쬐는 것만이라도 꼭 했으면 좋겠다. 우울증을 예방할 수 있음이 입증되었을 정도로 스트레스 해소에 탁월하다. 체육 시간을 제대로 활용하는 것은 당연하다. 스트레스가 너무 심하면 교사에게 알리고 보건실에 가서 클래식 음악을 들으며 비타민 음료라도 마시면 어떨까 싶다. 월 사용 횟수를 정하면 교사들이 우려하는 문제도 없을 것이다.

바버라 프레드릭슨은 다른 연구자의 연구를 통합하여 긍정 정서와 부정 정서의 비율이 3대1이 되도록 노력하라고 했다. 굳이 비율을 지키기보다, 부정적인 일이 한 번 일어났으면 긍정적인 것을 세 번 정도 해야 나쁜 감정이 해소된다는 뜻으로 이해하고 아이들의 스트레스를 틈날 때마다 낮춰주도록 하자. 청소년기가 무척 긴 한국에서는 아이의 하루 시간표를 부모가 통제하는 집이 많다. 이 책의 주제에 맞게, 아이에게 권한을 부여하기를 바라며, 그럼에도 부모가 꼭 개입해야겠다면 어떤 뇌 과학자가 스트레스 해소에 꼭 필요하다고 주장했던 '빈둥거리는 시간'을 하루 최소 30분에서 1시간 정도 넣기를 바란다. 무엇보다도 충분히 자게 해야 한다. 청소년의 경우 9시간 이상 자야 한다는 연구도 있다. 우리 집에서는 아이들의 취침 시간을 초등학교 때 9시, 중학교 때 10시, 고등학교 때 11시로 정했으며 고3이 되어서야 새벽까지 공부하는 것을 허락했다. 아이들이 나와 달리 키도 크고 비교적 느긋한 품성을 갖게 된 비결이 잠을 충분히 자서라고 생각한다.

### 너의 미소 하나면 돼

지금까지 아이를 낙관적으로 키우는 방법들에 대해 알아보았지만 딱 한 가지 방법만 꼽으라면 그저 많이 웃게 하는 것이다. 내 아이가 언제 함박웃음을 짓는지 아는가? 그걸 많이, 혹은 자주, 그것도 안 되면 주기적으로라도 하게 하라. 혹시라도 아이가 게임을 할 때만 활짝 웃는가? 그렇다면 매일 30분씩은 하게 하자. 주중에 생활계획표를 어느 정도 지켰다면 주말에는 1시간으로 늘려주어도 된다. 어떤 분야를 열성적으로 좋아하여 그와 관련된 것들을 모으거나 파고드는 일을 뜻하는 '덕질'이라는 용어를 들어보셨을 것이다. 게임도 일종의 덕질이라 할 수 있는데 앞서 언급했던 이드리스 아베르칸은 '덕질에도 배움이 있다'고 말했다. 공부와 담쌓고 학교 가기를 괴로워하는 학생들은 연료가 바닥난 자동차와 같기 때문에 의욕이라는 연료를 채워주고 시동을 거는 수밖에 없는데 게임은 시동을 거는 좋은 방법이라고 했다. 그는 현재 OECD 국가에서 게임 산업은 우수한 인재들의 일자리 창출에 빼놓을 수 없는 분야이며 예산만 놓고 봐서는 영화 산업 분야의 최고 대작들을 뛰어넘은 것도 많다고 했다. 부모들이 걱정하는 문제, 즉 아이가 게임에 지나치게 빠지는 문제에 대해서는 책임 있는 소비를 배우게 하면 된다고 하면서 몇 가지 팁을 제시했는데 내용은 다음과 같다. 첫째, 아이들의 게임 선택에 건설적으로 관여해서 그 게임을 선택한 이유 등에 대해 얘기를 나누어라. 둘째, 아이와 같이 게임하라. 족장님이 먼저 그만하자면서 자리를 뜨면 아이들도 마무리한다. 셋째, 3시간 공부에 1시간 게임하는 식으로 게임 신용대출제를 만들라. 넷째, 게임 소믈리에처럼 건설 게임, 시뮬레이션, 퀴즈 게임, 주의력 계발 게임 등으로 다양하게 하게 하라.

아이가 웃을 때가 게임할 때밖에 없다면 아베르칸의 얘기를 참고하여 보다 여유롭게 대처할 수 있다고 말씀드려본 것이다. 하지만 사실 나는 청소년들이 게임을 할 때 활짝 웃는 것을 한 번도 보지 못했다. 눈을 가늘게 뜨고 있을 뿐이다. 재미를 느끼는 것과 함박웃음을 짓는 것은 다르다. 아이들도 어쩌면 게임이 가장 재미있다고 스스로를 속이고 있는지 모른다. 지루하지 않은 것과 정말로 즐거운 것을 구분하지 못하는 게 아닐까 싶다. 해본 게 별로 없으니까 그것만 하는 것이다. 연극, 댄스, 글짓기, 사진 찍기, 요리 실습, 악기 연주, 스포츠 등 몰입감을 느끼게 해주는 많은 활동을 접하도록 학교와 교육부가 선도해주면 좋겠다. 사정이 여의치 않다면 급식이라도 제발 좀 맛있게 해주자. 청소년들은 급식만 세련되어도 인터넷에 사진을 올리고 다른 학교 아이들의 부러움에 프라이드를 느끼며 행복해한다. 정말 귀여운 돌쇠들 아닌가. 급식이 맛있으면 아이들은 그날 점심을 고대하며 오전 시간을 버티고 먹은 후에는 만족감으로 또 2시간을 보낼 수 있다. 그다음에는 가끔은 유치원 아이들처럼 간식도 좀 먹게 하면서 숨을 돌리게 하면 어떨까. 여름에는 수박파티를 하고 가을에는 사과데이를 만들어 사과를 먹으면서 친구에게 사과하는 날로 하면 어떨까. 맛있는 밥, 깨끗한 정수기, 쾌적한 화장실, 편한 의자, 친절한 선생님, 합리적인 교칙, 적절한 자유로움과 개인주의의 허용, 여기에 친구까지 있으면 집에 오자마자 넥타이를 풀어 던지고 세상을 등진 사람들처럼 벽만 마주한 채 핸드폰만 만지고 있지 않을 것이다. 거창한 것이 아니기에 돈도 많이 들지 않는다. 많은 행복연구가들은 행복을 느끼는 데는 커다란 것 하나보다 작은 즐거움을 여러 번 경험하는 것이 중요하다고 말한다. 고진감래를 주문처럼 외우며 대학 입학 후의 행복에 대해서만 약속하지 말고 오늘 하루 최소 한 번은 작은 행복이라도 꼭 느끼게 해주자.

아이를 낙관적으로 키워야 하는 중요성을 인정한다면 가장 필요한 것은 세세한 방법이라기보다 부모와 교사의 마음이다. 아이가 즐겁게 지내는 것을 허락하고 흔쾌히 멍석을 깔아주는 마음 말이다. 주말에 실컷 자고 나온 아이들에게 아침을 차려주며 시시껄렁한 농담이나 던지면 피식대며 밥을 먹은 후 자기 방으로 가면서 음악이 없는데도 춤을 출 때가 있다. 그 몸짓이 그렇게 예쁠 수가 없다. 내게는 가히 천의무봉天衣無縫의 춤사위로 보인다. 그래서 한 번 더 춰달라고 하면 자기가 언제 춤을 추었냐고 정색을 한다. 본인들은 모르는 모양이지만 그 장면을 본 사람이라면 누구라도 그들이 찰나의 순간이지만 마음의 본질적인 모습인 평화와 즐거움의 상태에 있음을 알 수 있다. 그런 상태에서만 흘러나오는 마음의 선율에 자기도 모르게 춤을 추는 것이리라. 아이들이 평화롭고 즐거울 때 사실은 부모 또한 천의무봉의 마음이 된다는 것을 언젠가부터 잊고 사는 것 같다. 옛날 어르신들이 하던 말 중에 "마른 논에 물 들어갈 때와 자식 입에 밥 들어갈 때 가장 행복하다"는 말이 있는데 하나 더 있다. '자식이 웃을 때'이다.

3장에서는 인생의 겨울에 해당하는 실패를 극복하는 방법의 주제로 성장 마음가짐 갖기와 낙관성 학습에 대해 살펴보았다. 실패와 관련된 가장 유명한 금언 중에 "실패는 성공의 어머니"라는 말이 있는데 실패가 성공의 어머니가 되려면 실제로 어머니의 도움이 필요하다. 양육의 목표를 '성공'이 아니라 '성장'에 맞추자. 성공에 맞추면 아이의 실패가 가슴을 아프게만 하겠지만 성장에 맞추면 실패는 더 배워야 함을 깨우쳐주는 가치 있는 경험이 된다. 부모가 먼저 진심으로 이런 생각을 받아들여야 아이의 실패를 자신의 실패로 받아들여 우울해지지 않으며 진정성 있는 마음으로 아이를 일으킬 수 있다. 아이가 실패를 했다면 마라톤을 뛰다가 다리를 삔 것뿐이라고 담담하게 말해주자. 그러면 아이는 스스로 왜 삐었는지, 어떻게 하면 안 삘지 점검하고 조심해서 다음번에는 완주한다. 한 번쯤 들어봤을 "인생은 여행이지 목적이 아니다"라는 말처럼, 즐겁게 배우고 깨우치고 다시 도전하는 마음을 갖게 하는 것, 그것만이 아이의 변화무쌍한 긴 인생에서 유일하게 가지고 갈 지팡이일지도 모른다. 이 지팡이가 필요 없는 아이는 없다. 이 세상에 실패하지 않는 아이는 단 한 명도 없으므로.

## 아이는 열 살까지는
## 부모와 같은 사람이 되려고 하고
## 이후 스무 살까지는
## 부모와 다른 사람이 되려고 한다

2013년에 《하루 3시간 엄마 냄새》를 출간한 후 후속작으로 가장 많이 제안받은 주제는 청소년 양육에 관한 것이었다. 하지만 그때는 선뜻 내키지가 않았다. 아니, 더 솔직하게 말하면 자신이 없었다. 2013년에는 첫아이가 고등학교 1학년, 둘째 아이는 중학교 1학년으로 나 자신이 사춘기 아이들의 세계 한복판에서 동분서주하고 있었기에 청소년 문제를 냉철하게 성찰할 여유가 없었다. 그로부터 4년이 지나는 사이 첫아이는 대학생이 되었고 둘째 아이는 고등학교 2학년이 되었다. 그 시간을 보내고서야 비로소 약간 눈이 뜨였다.

첫째도 아닌 둘째 아이가 십 대를 마칠 때가 되어서야 아이의 성장에 대한 전체 그림이 보이다니, 처음에는 허탈하고 황당하기도 했다. 이런 감정 때문에라도 한동안은 그간의 일들을 뒤돌아보기조차 싫어졌다. 고생할 만큼 고생했고 당할 만큼 당해서 너무 지쳤다고 할까. 하지만 직업상 청소년과 부모들을 계속 상담하다 보니 그들의 문제를 해결할 묘수를 찾기 위해 지나온 시간들을 자주 되감아보게 되었고 그러다 보니 '이제는 돌아와 거울 앞에 선' 것처럼, 예전의 일들이 거울을 보듯이 좀 더 명확하게 펼쳐지면서 '그때 왜 그렇게 말했을까' '그때 이렇게 행동했어야 했는데' 하는 후회와 동시에 '이렇게 하면 좀 더 편안하게 지냈겠다' 하는 생각들이 정리되기 시작했다.

내가 깨달은 아이의 성장에 대한 큰 그림은 이렇다. 아이는 열 살까지는 부모와 같은 사람이 되려고 하고 이후 스무 살까지는 부모와 다른 사람이 되려고 한다는 것이다. 이를 심리학 용어로 바꿔 말하면, 아이는 열 살까지는 부모에게 거의 기생하듯이 '의존'하지만 이후 열 살 동안은 '독립'을 준비한다. 인간의 궁극적 지향점인, '유일무이한' 존재가 되기 위한 시동을 거는 것이다. 청소년기에 나타나는 모든 변화들이 사실은 독립의 몸부림이다. 신체는 이미 독립의 준비가 끝났고 뇌는 본격적으로 왕성하게 자기지분을 가지려 한다. 독립을 하겠다면서 다른 사람의 뇌로 살 수는 없을 테니 말이다. 하지만 부모는 독립을 '거역'과 '불온'으로 보기에 갈등이 파생한다. 본격적으로 독립하려면 아직도 최소 10년 정도가 더 걸리지만 준비 기간에 일어나는 일만으로도 어떤 부모는 마치 폭격이라도 맞은 양 소스라치게 놀라기도 한다. 그러나 우리는 알아야 한다. 이런 모습이 특정 개인의 모습이 아니라 성장하는 모든 인간의 숙명이라는 것을. 그러니, 청소년은 제대로 살아가고 있다. 때로는 일탈로 보일지라도 최종 목표인 독립을 향해 가는 중에 일시적으로 나타나는 것이므로 너무 걱정할 필요가 없다.

그렇다고 그들을 전혀 돌보지 않을 수는 없는 노릇이다. 그들의 삶의 목표가 옳다고 해서 목표를 이루어내는 정신 기능까지 완숙한 것은 아니기 때문에 여전히 그들의 삶에 개입할 수밖에 없다. 부모와 아이, 양측의 상처를 최소화하면서 만족스러운 관계를 유지할 수 있는 개입방법으로 내가 찾은 것은 토론과 권한 부여이다. 이 둘의 공통점은 그들의 존재를 인정하고 자긍심을 갖게 하는 것이다. 독립을 꿈꾸는 자들에게는 자긍심이 목숨만큼이나 중요하다. 자신이 하는 일이 옳다는 확신이 없다면 그 험한 길을 끝까지 갈 수 없기 때문이다. 독립을 꿈꾸는 자들이 가장 거부감을 보이는 사람은 자신의 길을 대신 결정해주고 감독하는 사람이며, 가장 고마워하는 사람은 독립의 의지를 인정하고 후원금을 보태주는 사람일 것이다. 어떻게 보면 매우 자기중심적이고 심지어 배은망덕해 보이기까지 하는 이들의 모습이 부모의 입장에서는 그저 얄궂기만 하다. 하지만 부모는 심리적, 혹은 물질적인 후원자가 될 것이냐 말 것이냐의 선택은 할 수 있을지 모르겠지만 독립의 꿈을 꺾는 것은 불가능함을 인정해야 한다.

아이가 열 살이 될 때까지 찰떡같이 붙어서 충분히 사랑을 주었다면 양육의 1막은 대단히 성공적으로 끝나며 다음 단계의 2막도 비교적 수월하게 지나간다. 가끔씩은 부모 기분도 살피고 동생 걱정도 하면서 집안이 어떻게 돌아가는지 관심도 보일 것이다. 그래도 2막은 1막과 전혀 다른 분위기로 펼쳐진다. 이는 교향곡의 흐름과 유사하다. 잘 구성된 교향곡은 보통 기-전-결起-轉-結의 3악장으로 구성되어 있다. 1장은 조심스럽고 평온하게 시작하지만 2장에서 반드시 결정적으로 방향을 한 번 튼 후에야 3장에서 통합된 결과에 이른다. 양육 또한 평온하고 달콤한 1막이 끝나면 감정과 갈등이 고조되는 2막을 거친 후에야 비로소 갈등이 봉합되고 성숙해지는 3막에 이를 수 있다. 하물며 1막에서부터 불협화음이 속출했다면, 즉 지난 10년간 부모와 자녀가 상당히 뜨문뜨문하게 관계를 맺었다면 2막은 듣기 힘든 소음들로 가득 찰 것이다. 그동안 아이 마음속에 싹텄던 울분과 결핍감이 반항심으로 변하여 여기저기서 마찰을 일으킨다.

둘째 아이가 십 대를 마칠 때가 되어서야 양육의 윤곽이 잡혀

서 황당하다고 했는데 사실 하나가 더 있다. 아이가 어릴 때, 특히 만 세 살까지는 부모가 최대한 같이 시간을 보내야 한다는 메시지를 담은 《하루 3시간 엄마 냄새》의 전체 프레임을 완결했을 때는 둘째가 세 살도 한참 넘은 초등학교 1학년 때였다. 이때도 양육은 뒤늦은 성찰로 다가왔다. 나 역시 보통의 부모들처럼 양육의 전체 그림을 보지 못한 상태에서 그저 아이와 같이 있는 게 무척 즐거웠고 본능적으로 그래야 한다는 느낌 때문에 아이와 시간을 같이 보내고자 노력했을 뿐이다. 하지만 이제 양육의 빅 픽처를 그릴 수 있게 되고 보니, 어릴 때 부모의 시간을 최대한 주어야 한다는 주장이 정말 옳았다는 생각이 든다. 부모를 닮고 싶어 할 때는 닮을 수 있는 시간을 충분히 주어야 할 테니 말이다.

한 번 더, 나는 '옳은' 양육의 방향을 제시하고 있다고 확신한다. 아이가 독립적으로 생각하는 능력이 왕성해지는 열 살부터는 양육의 전략을 전격적으로 바꾸어야 한다. 이전에 사용해왔던, 부모가 편했던 방법인 일방적인 제재와 규율은 더 이상 먹히지 않는다. 이 말은 열 살까지는 이 전략이 통한다는 뜻이다. 아니, 부모를 닮고자 하는 시기에는 무슨 전략을 써도 다 된다는 것이 더 맞는 말일 것이다. 열 살이 넘으면 독립을 준비하는 자들의 입장에서 무엇이 필요한지 생각하여 준비시켜주어야 한다. 자기반박과 자기대화가 가능해야 이 과정이 수월해진다. 권한부여 교육과 토론식 대화는 이런 능력을 갖추게끔 해주는 매우 좋은 방법이므로 청소년 양육의 격률maxim로 삼아야 한다고 말씀드리고 싶다. 여기에 인생의 겨울, 즉 실패에 직면했을 때 이겨낼 수 있는 능력까지 갖춘다면 완전 무장을 하게 되는 셈이다. 성장 마음가짐과 낙관적인 태도, 특히 감사의 마음을 어려서부터 갖게 하는 것이 중요하다. 앞에서, 초기 10년간 부모-자녀의 관계가 밀착되지 않았다면 후반 10년은 상당한 불협화음과 소음이 발생할 것이라 했는데 대책이 없어 보이는 이런 상황에서도 토론과 권한부여는 돌파구를 만들어낼 수 있다. 오히려 불협화음이 난무할수록 더욱 그 가치가 드러날 것이라고 생각한다.

아이가 부모를 닮고자 하는 초기 10년은 상당히 짧다. 이 기간 동안 우리는 아이의 인성 틀을 거의 완벽하게 짜놓아야 하고 아이가 꼭 지켰으면 하는 부모의 소중한 가치관도 시시때때로 가르쳐야 하므로 시간이 많지 않다. 무엇보다도, 세상을 향해 나아가도록 해주는 가장 든든한 밑천인, '나는 사랑받고 있다'는 확신을 아이가 가질 수 있도록 어미 동물이 새끼를 보듬듯이 몸으로 부대끼고 품어주는 사랑을 주어야 한다. 초기 10년은 아이가 안전하게 크도록 부모가 대부분 함께 움직이므로 신체적으로 많이 힘들지만 그나마 아이가 부모를 닮고자 하는 시기이기 때문에 정신적으로 힘든 점은 없을 것이다. 하지만 후기 10년은 부모가 몸은 편해지지만 정신이 피곤해진다. 그동안 절대 진리로 알며 내재화했던 부모의 가치관을 전면 수정하며 부모와 다른 사람이 되려는 시기로 들어가는 아이들을 상대로, 대부분은 그들을 이해하고 축복해야 하지만 그럼에도 도저히 양보할 수 없는 소중한 것들을 지켜내기도 해야 하기 때문이다. 후반부 10년 또한 짧기는 마찬가지이며, 이 기간에는 햇살 같은 사랑을 퍼붓는 게 아니라 한발 물러나 대화를 통해 은은하면서도 품격 있는 달빛 같은 사랑을 전해야 한다. 가장 중요한 것은, 그들의 독립 지향의 삶을 지지하고 도와주어야 한다.

다소의 예외는 있겠지만 아이의 인생에서 가장 황폐한 겨울은 부모가 세상에 없을 때일 것이다. 그러니 아직 그들 옆에 살아 있을 때, 아직 피가 되고 살이 되는 말을 해줄 수 있을 때, 그래서 이런 책도 읽을 수 있을 때, 남아 있는 시간의 축복을 누리고 감사하며 사랑하는 아이들에게 겨우살이 준비를 시켜주자. 청소년은 부모의 마음과 정성만으로 이끌기에는 한계가 있기에 이 책을 쓰게 되었다. 여기서 소개하는 방법에 각 가정만의 지혜로운 방법들이 더해져 양육의 2막이 성공적으로 마무리되기를 바란다.

100년 만에 찾아왔다는 지난여름의 폭염 속에서도 지치지 않고 글을 쓸 수 있도록 격려하여 주시고 멋진 책으로 완성하여주신 김영사의 고세규 사장님과 편집부에 진심으로 감사드린다.

2019. 1.

이현수